工业和信息化普通高等教育"十二五"规划教材立项项目

21世纪高等教育计算机规划教材

计算思维与大学计算机基础实验教程

A Laboratory for Computational Thinking
And Fundamentals of Computers

■ 李昊 主编

■ 张运林 李颖 丛飚 李淑梅 副主编

U0310408

人民邮电出版社

北 京

图书在版编目（CIP）数据

计算思维与大学计算机基础实验教程 / 李昊主编
— 北京 ：人民邮电出版社，2013.9（2016.8重印）
21世纪高等教育计算机规划教材
ISBN 978-7-115-32219-7

Ⅰ．①计… Ⅱ．①李… Ⅲ．①计算方法－思维方法－
高等学校－教学参考资料②电子计算机－高等学校－教学
参考资料 Ⅳ．①O241②TP3

中国版本图书馆CIP数据核字(2013)第171138号

内 容 提 要

本教材介绍了计算思维与大学计算机基础实验基本知识，主要内容包括实验指导，习题与参考答案两部分。其中，实验指导部分包括 Windows 7 操作系统实验、文字处理软件 Word 2010 实验、电子表格处理软件 Excel 2010 实验、演示文稿制作软件 PowerPoint 2010 实验、因特网操作实验等内容。习题部分覆盖配套教材的全部内容，每个实验分为实验目的、实验内容和实验步骤。

本书内容丰富，语言简洁，通俗易懂，章节安排由浅入深，概念清晰，重点突出。可作为高等院校非计算机专业的计算机基础教材，也可作为教师、学生学习计算机基础的参考书。

- ◆ 主　编　李　昊
　　副主编　张运林　李　颖　丛　飚　李淑梅
　　责任编辑　许金霞
　　责任印制　彭志环　杨林杰
- ◆ 人民邮电出版社出版发行　　北京市丰台区成寿寺路 11 号
　　邮编　100164　　电子邮件　315@ptpress.com.cn
　　网址　http://www.ptpress.com.cn
　　北京艺辉印刷有限公司印刷
- ◆ 开本：787×1092　1/16
　　印张：12.25　　　　　　　　　2013年9月第1版
　　字数：337千字　　　　　　　　2016年8月北京第5次印刷

定价：29.00 元
读者服务热线：(010)81055256　印装质量热线：(010)81055316
反盗版热线：(010)81055315
广告经营许可证：京东工商广字第 8052 号

前　言

随着信息产业的飞速发展和计算机教育的迅速普及，计算机已经应用到社会的各个领域。为了适应社会对计算机知识的广泛需求，全国高校的计算机基础教育已步入了一个新的发展阶段，对各专业学生的计算机应用能力提出了更高的要求，其不但要掌握计算机基础知识，还应该具备一定的计算思维。为此，依据《中国高等院校计算机基础教育课程体系》报告，结合教育部计算机基础教学指导委员会《关于进一步加强高等学校计算机基础教学的意见》和全国计算机等级考试（NCRE）对计算机基础知识的要求，修订了计算机基础课程的教学大纲，编写了本教材，以满足各高校计算机基础教学的需要。

大学计算机基础是高校非计算机专业的公共必修课程，是学习其他计算机技术和利用计算机解决本专业问题的前导和基础课程。但各高校计算机基础课已经压缩为38学时左右，新生大学入学前的计算机应用能力存在较大的差距，本书作为《计算机思维与大学计算机基础》的配套实验教材，包含了大量的习题和答案，可以弥补上述不足，并针对全国计算机等级考试的新要求而编写。

本书依据"任务驱动，案例教学"要求进行编写，书中的每一个实验都是精心设计，由浅入深、由简及繁，既尽可能多地涉及理论教学中必要的知识点，又具有实用性和可操作性。在每一个实验之后，还专门列出相关的练习题，帮助读者更为深入、全面地了解知识点的内涵。

全书的内容涵盖了计算思维与计算机基础知识、操作系统 Windows 7、文字处理软件 Word 2010、电子表格 Excel 2010、演示文稿 PowerPoint 2010 及全国计算机等级考试相关基础知识。全书分为 12 章，其中第 1 章介绍了计算思维以及计算机的基本知识和基本概念、计算机的组成和工作原理、信息在计算机中的表示形式和编码，第 2 章介绍了操作系统基础及 Windows 7 操作系统的使用，第 3、4 章介绍了文字处理软件 Word 2010 的使用，第 5、6 章介绍了电子表格处理软件 Excel 2010 的使用，第 7、8 章介绍了演示文稿软件 PowerPoint 2010 的使用，第 9 章～第 12 章介绍了算法分析、数据库技术及软件工程等全国计算机等级考试相关的基础知识。

参加本书编写的人员全部是从事一线教学的教师，具有丰富的教学经验。教材的编写过程中注重理论与实践相结合，以及实用性和操作性的原则；知识点的选取注意从日常学习和工作需要出发并以实际操作为主；文字叙述由浅入深，通俗易懂。

本书由李昊主编，李颖、丛飚、李淑梅、张运林副主编。参加编写的有叶丽娜、罗琳、王继魁、杨卫东。其中，第 1 章和第 2 章由叶丽娜编写，第 3 章和第 4 章由罗琳编写，第 5 章和第 6 章由王继魁编写，第 7 章由李颖编写，第 8 章由丛飚编写，第 9 章由李淑梅编写，第 10 章由李昊编写，第 11 章由张运林编写，第 12 章由杨卫东编写。滕国文教授认真审阅了书稿，并提出许多宝贵意见。由于本书涉及的知识面较广，知识点多，构成一个完整体系难度较大，不足之处在所难免。为便于以后教材的再版修订，恳请读者多提宝贵意见。

编　者
2013 年 6 月

目 录

第1章　计算思维与计算机基础 ⋯⋯⋯1

　实验1　计算机硬件组装 ⋯⋯⋯⋯⋯1

　　实验目的 ⋯⋯⋯⋯⋯⋯⋯⋯⋯⋯1

　　实验内容 ⋯⋯⋯⋯⋯⋯⋯⋯⋯⋯1

　　实验步骤 ⋯⋯⋯⋯⋯⋯⋯⋯⋯⋯1

　习题1 ⋯⋯⋯⋯⋯⋯⋯⋯⋯⋯⋯⋯4

第2章　中文版 Windows 7

　　操作系统 ⋯⋯⋯⋯⋯⋯⋯⋯⋯8

　实验2.1　Windows 7 基本操作 ⋯⋯8

　　实验目的 ⋯⋯⋯⋯⋯⋯⋯⋯⋯⋯8

　　实验内容 ⋯⋯⋯⋯⋯⋯⋯⋯⋯⋯8

　　实验步骤 ⋯⋯⋯⋯⋯⋯⋯⋯⋯10

　实验2.2　Windows 7 的文件管理 ⋯17

　　实验目的 ⋯⋯⋯⋯⋯⋯⋯⋯⋯17

　　实验内容 ⋯⋯⋯⋯⋯⋯⋯⋯⋯17

　　实验步骤 ⋯⋯⋯⋯⋯⋯⋯⋯⋯18

　实验2.3　Windows 7 的其他操作 ⋯19

　　实验目的 ⋯⋯⋯⋯⋯⋯⋯⋯⋯19

　　实验内容 ⋯⋯⋯⋯⋯⋯⋯⋯⋯20

　　实验步骤 ⋯⋯⋯⋯⋯⋯⋯⋯⋯20

　习题2 ⋯⋯⋯⋯⋯⋯⋯⋯⋯⋯⋯23

第3章　文字处理软件 Word

　　基础 ⋯⋯⋯⋯⋯⋯⋯⋯⋯⋯32

　实验3.1　Word 2010 的基本操作 ⋯32

　　实验目的 ⋯⋯⋯⋯⋯⋯⋯⋯⋯32

　　实验内容 ⋯⋯⋯⋯⋯⋯⋯⋯⋯32

　　实验步骤 ⋯⋯⋯⋯⋯⋯⋯⋯⋯33

　实验3.2　编辑文档 ⋯⋯⋯⋯⋯⋯35

　　实验目的 ⋯⋯⋯⋯⋯⋯⋯⋯⋯35

　　实验内容 ⋯⋯⋯⋯⋯⋯⋯⋯⋯35

　　实验步骤 ⋯⋯⋯⋯⋯⋯⋯⋯⋯36

　实验3.3　格式化文档 ⋯⋯⋯⋯⋯37

　　实验目的 ⋯⋯⋯⋯⋯⋯⋯⋯⋯37

　　实验内容 ⋯⋯⋯⋯⋯⋯⋯⋯⋯37

　　实验步骤 ⋯⋯⋯⋯⋯⋯⋯⋯⋯38

　习题3 ⋯⋯⋯⋯⋯⋯⋯⋯⋯⋯⋯41

第4章　文字处理软件 Word 2010

　　高级应用 ⋯⋯⋯⋯⋯⋯⋯⋯51

　实验4.1　Word 2010 表格操作 ⋯⋯51

　　实验目的 ⋯⋯⋯⋯⋯⋯⋯⋯⋯51

　　实验内容 ⋯⋯⋯⋯⋯⋯⋯⋯⋯51

　　实验步骤 ⋯⋯⋯⋯⋯⋯⋯⋯⋯51

　实验4.2　Word 2010 图文混排 ⋯⋯54

　　实验目的 ⋯⋯⋯⋯⋯⋯⋯⋯⋯54

　　实验内容 ⋯⋯⋯⋯⋯⋯⋯⋯⋯54

　　实验步骤 ⋯⋯⋯⋯⋯⋯⋯⋯⋯55

　实验4.3　页面设置——书籍简单制作 ⋯58

　　实验目的 ⋯⋯⋯⋯⋯⋯⋯⋯⋯58

　　实验内容 ⋯⋯⋯⋯⋯⋯⋯⋯⋯58

　　实验步骤 ⋯⋯⋯⋯⋯⋯⋯⋯⋯58

　习题4 ⋯⋯⋯⋯⋯⋯⋯⋯⋯⋯⋯59

第5章　电子表格软件 Excel 基础 ⋯69

　实验5.1　建立与管理工作簿 ⋯⋯69

　　实验目的 ⋯⋯⋯⋯⋯⋯⋯⋯⋯69

　　实验内容 ⋯⋯⋯⋯⋯⋯⋯⋯⋯69

　　实验步骤 ⋯⋯⋯⋯⋯⋯⋯⋯⋯69

　实验5.2　建立与管理工作表 ⋯⋯70

　　实验目的 ⋯⋯⋯⋯⋯⋯⋯⋯⋯70

　　实验内容 ⋯⋯⋯⋯⋯⋯⋯⋯⋯70

　　实验步骤 ⋯⋯⋯⋯⋯⋯⋯⋯⋯71

　实验5.3　编辑单元格、行和列 ⋯73

　　实验目的 ⋯⋯⋯⋯⋯⋯⋯⋯⋯73

　　实验内容 ⋯⋯⋯⋯⋯⋯⋯⋯⋯73

　　实验步骤 ⋯⋯⋯⋯⋯⋯⋯⋯⋯74

　实验5.4　格式化工作表 ⋯⋯⋯⋯77

　　实验目的 ⋯⋯⋯⋯⋯⋯⋯⋯⋯77

　　实验内容 ⋯⋯⋯⋯⋯⋯⋯⋯⋯77

　　实验步骤 ⋯⋯⋯⋯⋯⋯⋯⋯⋯78

　习题5 ⋯⋯⋯⋯⋯⋯⋯⋯⋯⋯⋯80

第6章　电子表格软件 Excel

　　高级应用 ⋯⋯⋯⋯⋯⋯⋯⋯89

　实验6.1　公式和函数 ⋯⋯⋯⋯⋯89

实验目的 ……………………… 89
实验内容 ……………………… 89
实验步骤 ……………………… 89
实验 6.2　图表 ……………………… 93
实验目的 ……………………… 93
实验内容 ……………………… 94
实验步骤 ……………………… 94
实验 6.3　数据管理 …………………… 96
实验目的 ……………………… 96
实验内容 ……………………… 96
实验步骤 ……………………… 96
实验 6.4　窗口操作 ………………… 101
实验目的 ……………………… 101
实验内容 ……………………… 101
实验步骤 ……………………… 101
实验 6.5　工作表的预览和打印 …… 104
实验目的 ……………………… 104
实验内容 ……………………… 104
实验步骤 ……………………… 104
实验 6.6　共享工作簿 ……………… 105
实验目的 ……………………… 105
实验内容 ……………………… 105
实验步骤 ……………………… 105
习题 6 ……………………………… 108

第 7 章　演示文稿制作软件
　　　　PowerPoint 基础 ………… 117
实验 7.1　建立新的演示文稿 ……… 117
实验目的 ……………………… 117
实验内容 ……………………… 117
实验步骤 ……………………… 117
实验 7.2　打开演示文稿并进行编辑 … 118
实验目的 ……………………… 118
实验内容 ……………………… 118
实验步骤 ……………………… 119
实验 7.3　设计制作以中秋节为题材的演示
　　　　　文稿 …………………… 121
实验目的 ……………………… 121
实验内容 ……………………… 122
实验步骤 ……………………… 122
实验 7.4　设计制作包含多种媒体
　　　　　元素的演示文稿 ……… 125
实验目的 ……………………… 125

实验内容 ……………………… 125
实验步骤 ……………………… 125
习题 7 ……………………………… 128

第 8 章　演示文稿制作软件
　　　　PowerPoint 高级应用 …… 134
实验 8　PowerPoint 2010 高级
　　　　编辑技巧 ………………… 134
实验目的 ……………………… 134
实验内容 ……………………… 134
实验步骤 ……………………… 135
习题 8 ……………………………… 138

第 9 章　数据结构与算法 ………… 140
知识要点 …………………………… 140
基本要求 ……………………… 140
考试内容 ……………………… 140
考试要点 ……………………… 140
习题 9 ……………………………… 144

第 10 章　程序设计基础 …………… 148
知识要点 …………………………… 148
基本要求 ……………………… 148
考试内容 ……………………… 148
考试要点 ……………………… 148
习题 10 …………………………… 149

第 11 章　软件工程基础 …………… 151
知识要点 …………………………… 151
基本要求 ……………………… 151
考试内容 ……………………… 151
考试要点 ……………………… 151
习题 11 …………………………… 154

第 12 章　数据库设计基础 ………… 158
知识要点 …………………………… 158
基本要求 ……………………… 158
考试内容 ……………………… 158
考试要点 ……………………… 158
习题 12 …………………………… 160

附录 ………………………………… 165
附录 A　ASCII 码表 ……………… 165
附录 B　计算机指法 ……………… 168
附录 C　常用的中文输入法 ……… 171
附录 D　习题参考答案 …………… 187

第1章
计算思维与计算机基础

实验 1　计算机硬件组装

实验目的

熟悉计算机硬件系统的构成，掌握微型计算机的硬件组装技术。

实验内容

微型计算机硬件组装。

注意事项

1. 安装机器前清除身体上的静电。
2. 对各个配件要轻拿轻放。
3. 安装主板一定要稳固，并要防止主板变形。
4. 禁止带电操作。

实验步骤

1. 微型计算机的部件准备

准备好 CPU、风扇、内存条、主板、硬盘、光驱、显卡、网卡、数据电缆、主机电源，显示器、键盘、鼠标、音箱、打印机等。

2. 微型计算机硬件组装步骤

（1）安装 CPU 和内存。

安装 CPU：拉起主板 CPU 插座的锁定扳手，参照定位标志，将 CPU 放入插座，按下扳手锁定 CPU 部件。CPU 安装完毕，加装 CPU 散热片和风扇。如图 1.1 所示。

安装内存条：参照内存条的定位标志，双手将内存条垂直插入内存条插槽，内存条到位后，自动锁定。如图 1.2 所示。

图 1.1　安装 CPU

图 1.2　安装内存条

（2）安装主机电源，如图 1.3 所示。

图 1.3　安装主机电源

（3）将组装好的主板安装到主机箱中，如图 1.4 所示。

图 1.4　安装主板

（4）安装外存储器设备，安装硬盘、光驱等外部存储设备，并连接各个部件电源线、数据电缆。如图 1.5 所示为安装硬盘。

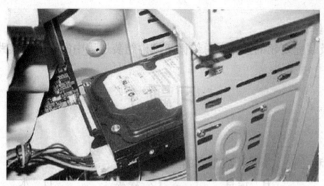

图 1.5　安装硬盘

（5）连接前面板开关及指示灯连线。

（6）安装适配卡。

安装各种适配卡，如声卡、显卡、网卡等。如图 1.6 所示。

图 1.6　安装适配卡

（7）外设连接。

在机箱后背板上一般都标有外设部件连接的示意图标（如图 1.7 所示），按照指示，可以连接如电源线、鼠标、键盘、显示器、音箱等。

图 1.7　机箱后背板主要接口

（8）通电调试。

确认整机部件无物理故障后，加装机箱盖，硬件装配完毕，即可加电调试并开始安装操作系统及应用软件。

3. 实验结果与结论

根据教师演示及装配要领的强调，总结微机硬件组装过程中的要点及实践体会。

习题 1

一、选择题

1. 物质、能量和（　　　）是构成世界的三大要素。

    A. 原油　　　　　　B. 信息　　　　　　C. 煤炭　　　　　　D. 水

2. 世界科学家（　　　）奠定了现代计算机的基础理论。

    A. 诺贝尔　　　　　B. 爱因斯坦　　　　C. 冯诺依曼　　　　D. 居里

3. 目前使用的计算机采用（　　　）为主要电子元件。

    A. 电子管　　　　　　　　　　　　　　B. 晶体管

    C. 中小规模集成电路　　　　　　　　　D. 超大规模集成电路

4. 十进制数 127 转换成二进制数是（　　　）。

    A. 1111110　　　　　　　　　　　　　B. 1111111

    C. 1000000　　　　　　　　　　　　　D. 10000001

5. 与二进制数 01011011 对应的十进制数是（　　　）。

    A. 91　　　　　　　B. 87　　　　　　　C. 107　　　　　　D. 123

6. 下列一组数中最大的数是（　　　）。

    A.（227）$_8$　　　　B.（1FF）$_{16}$　　　C.（101000）$_2$　　D.（500）$_{10}$

7. 某计算机的内存是 16MB，则它的容量为（　　　）个字节。

    A. 16*1024*1024　　　　　　　　　　　B. 16*1000*1000

    C. 16*1024　　　　　　　　　　　　　D. 16*1000

8. 十进制数 10000 转换为等值的十六进制数是（　　　）。

    A. 271H　　　　　　B. 23420H　　　　C. 9C40H　　　　　D. 2710H

9. 数值 10H 是（　　　）进位制表示方法。

    A. 二进制　　　　　B. 八进制　　　　　C. 十进制　　　　　D. 十六进制

10. 计算机能够直接识别的是（　　　）计数制。

    A. 二进制　　　　　B. 八进制　　　　　C. 十进制　　　　　D. 十六进制

11. 计算机的存储容量通常用 KB 为单位，其中 1KB 表示的是（　　　）。

    A. 1024 个字节　　　　　　　　　　　B. 1024 个二进制位

    C. 1000 个字节　　　　　　　　　　　D. 1000 个二进制位

12. 关于"bit"的说法，下列正确的是（　　　）。

    A. 数据的最小单位，即二进制数的 1 位

    B. 基本存储单位，对应 8 位二进制位

    C. 基本运算单位，对应 8 位二进制位

    D. 基本运算单位，二进制位数不固定

13. 在计算机中，一个字节是由（　　　）个二进制位组成的。

A. 4　　　　　　　　B. 8　　　　　　　　C. 16　　　　　　　　D. 24

14. 为了避免混淆，十六进制数单位在书写时常用字母（　　）表示。

A. H　　　　　　　　B. O　　　　　　　　C. D　　　　　　　　D. B

15. 目前大多数计算机以科学家冯诺依曼提出的（　　）设计思想为理论基础。

A. 存储程序原理　　　　　　　　　B. 布尔代数

C. 超线程技术　　　　　　　　　　D. 二进制计数

16. 通常所说的 PC 指的是（　　）。

A. 大型计算机　　　　　　　　　　B. 小型计算机

C. 中型计算机　　　　　　　　　　D. 微型计算机

17. 计算机之所以能按人们的意图自动地进行操作，主要是因为采用了（　　）。

A. 汇编语言　　　　　　　　　　　B. 机器语言

C. 高级语言　　　　　　　　　　　D. 存储程序控制

18. 在计算机中，一条指令代码由（　　）和操作码两部分组成。

A. 指令码　　　　B. 地址码　　　　C. 运算符　　　　D. 控制符

19. 根据所传递的内容与作用不同，将系统总线分为数据总线、地址总线和（　　）。

A. 内部总线　　　　　　　　　　　B. 系统总线

C. 控制总线　　　　　　　　　　　D. I/O 总线

20. CPU 的中文含义是（　　）。

A. 中央处理器　　　　　　　　　　B. 寄存器

C. 算术部件　　　　　　　　　　　D. 逻辑部件

21. 微型计算机中运算器的主要功能是进行（　　）。

A. 算术运算　　　　　　　　　　　B. 逻辑运算

C. 算术和逻辑运算　　　　　　　　D. 函数运算

22. 构成计算机的物理实体称为（　　）。

A. 计算机系统　　　　　　　　　　B. 计算机硬件

C. PC　　　　　　　　　　　　　　D. 计算机系统

23. 计算机硬件一般包括（　　）和外部设备。

A. 运算器和控制器　　　　　　　　B. 存储器和控制器

C. 中央处理器　　　　　　　　　　D. 主机

24. 一个完整的计算机系统应分为（　　）。

A. 主机和外设　　　　　　　　　　B. 软件系统和硬件系统

C. 运算器和控制器　　　　　　　　D. 内存和外设

25. 计算机物理实体通常是由（　　）等几部分构成的。

A. 运算器、控制器、存储器、输入设备和输出设备

B. 主板、CPU、硬盘、软盘和显示器

C. 运算器、放大器、存储器、输入设备和输出设备

D. CPU、软盘驱动器、显示器和键盘

26. 在组成计算机的主要部件中，负责对数据和信息加工的部件是（　　）。

A. 运算器　　　　　　　　　　　　B. 内存储器

C. 控制器　　　　　　　　　　　　D. 磁盘

27. 微型计算机的运算器、控制器及内存储器统称为（　　）。

A. ALU　　　　　　B. CPU　　　　　　C. ALT　　　　　　D. 主机

28. 计算机软件分为（   ）两大类。
    A. 用户软件、系统软件   B. 系统软件、应用软件
    C. 语言软件、操作软件   D. 系统软件、数据库软件

29. 在计算机系统中，指挥、协调计算机工作的设备是（   ）。
    A. 输入设备   B. 控制器
    C. 运算器   D. 输出设备

二、填空题

1. 世界上第一台计算机 EINAC 于____年诞生于美国的宾夕法尼亚大学。

2. 计算机的发展方向是巨型化、微型化、网络化和____。

3. 二进制数 11101101 对应的十六进制数为____。

4. 二进制数 11101101 对应的十进制数为____。

5. 十进制数 875 对应的二进制数为____。

6. 在计算机中，表示信息数据编码的最小单位是____。

7. 计算机内部通常用字节作为基本单位，一个字节是____个二进制位。

8. 1MB=____KB。

9. 人们针对某一需要而为计算机编制的指令序列称为____。

10. ____是指专门为某一应用目的而编写的软件。

11. 在微型计算机中，如果电源突然中断，则存储在____中的信息将丢失。

12. 存储器分为内存储器和____。

13. 计算机向用户传递计算、处理结果的设备是____。

14. 32 位微型计算机中的"32"指的是____。

15. 既可做输入设备又可做输出设备的是____。

16. U 盘是通过____接口与主机进行数据交换的移动存储设备。

17. 鼠标是一种____设备。

三、判断题

1. 电子计算机区别于其他计算工具的本质特点是能够存储程序和数据。（   ）

2. 计算机软件是程序、数据和文档资料的集合。（   ）

3. 微型计算机系统是由主机和外设组成。（   ）

4. 外存中的数据可以直接进入 CPU 进行处理。（   ）

5. 裸机是指没有配置任何外部设备的主机。（   ）

6. 微处理器的主要性能指标是其体积的大小。（   ）

7. 主频（时钟频率）是影响微机运算速度的重要因素之一，主频越高，运算速度越快。（   ）

8. 计算机的内、外存储器都具有记忆能力，其中的信息都不会丢失。（   ）

9. 分辨率是显示器的一个重要指标，它表示显示器屏幕上像素的数量。像素越多，分辨率越高，显示的字符或图像就越清晰。（   ）

10. ROM 是只读存储器，其中的内容只能读出一次。（   ）

11. 40 倍速光驱的含义是指该光驱的读写速度是软盘驱动器读写速度的 40 倍。（   ）

12. 软盘驱动器属于主机，而软盘属于外部设备。（   ）

13. 硬盘通常安装在主机箱内，所以硬盘属于内存。（   ）

14. 显示器屏幕上显示的信息，既有用户输入的内容又有计算机输出的结果，所以显示器既是输入设备又是输出设备。（   ）

15. 世界上第一台电子计算机是 1946 年在美国研制成功的。（　　）

16. 计算机主要应用于科学计算、信息处理、过程控制、辅助系统、通信等领域。（　　）

17. 计算机中"存储程序"的概念是图灵提出的。（　　）

18. 电子计算机的计算速度很快但是计算精度不高。（　　）

19. CAD 系统是利用计算机来帮助设计人员进行设计工作的系统。（　　）

20. 计算机辅助制造的英文缩写是 CAI。（　　）

21. 计算机不但有记忆功能，还有逻辑判断功能。（　　）

22. 十进制的 11，在十六进制中仍表示成 11。（　　）

23. 计算机中用来表示内存容量大小的最基本单位是位。（　　）

24. 计算机中数值型数据和非数值型数据均以二进制数据形式存储。（　　）

四、简答题

1. 简述什么是计算思维。

2. 简述计算思维的特点。

3. 简述计算机的主要应用领域。

4. 简述计算机的发展历史。

5. 简述计算机的发展趋势。

6. 简述计算机有哪些特点。

7. 简述计算机的分类标准和具体的分类方法。

8. 简述未来计算机的发展方向。

9. 简述字节、字、字长，以及它们之间的运算关系。

10. 简述硬件系统和软件系统的关系。

11. 简述计算机的主要组成部分。

第 2 章
中文版 Windows 7 操作系统

实验 2.1　Windows 7 基本操作

实验目的

（1）熟悉上机环境，熟练掌握计算机使用方法。
（2）学会鼠标和键盘的使用方法。
（3）了解 Windows 7 桌面的组成。
（4）掌握桌面图标的建立和删除。
（5）掌握窗口的基本操作。
（6）掌握任务栏和"开始"菜单的设置与使用。
（7）掌握应用程序管理功能。

实验内容

1. Windows 7 的启动
第一步：打开显示器的开关。
第二步：按下机箱的电源开关，系统开始进行自检和初始化硬件设备，稍后系统启动完成，显示 Windows 7 的初始桌面。

2. Windows 7 的退出
第一步：关闭主机。单击"开始"按钮，在打开的"开始"菜单中单击"关机"按钮。
第二步：待系统正常关机后，关闭显示器开关。

3. 鼠标的基本操作
用鼠标的"拖动"操作在桌面上移动"计算机"图标。
（1）用鼠标的"双击"和"右击"操作打开"计算机"窗口。
（2）用鼠标的"拖动"操作改变"计算机"窗口的大小和在桌面上的位置。
（3）用鼠标的右键拖动"计算机"图标到桌面某一位置，释放鼠标后，"单击"选择某一操作。
（4）鼠标的设置。打开"开始"菜单，选择"控制面板"命令，在打开的控制面板窗口中，单击"鼠标"选项，打开鼠标设置对话框，在不同选项卡中进行自定义设置，如图 2.1 所示。

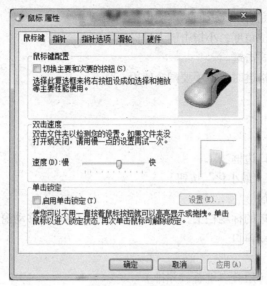

图 2.1　鼠标的设置

4．键盘的使用

（1）认识键盘。

键盘上的按键主要分为 4 个区域：打字键区、功能键区、编辑键区和数字小键盘区。熟悉键盘按键的分布情况及用法。

（2）打字姿势。

开始打字之前一定要端正坐姿。如果坐姿不正确，不但会影响打字速度的提高，而且还会很容易疲劳，出错。正确的坐姿应该是：

① 两脚平放，腰部挺直，两臂自然下垂，手指轻放在规定的键位上。

② 身体可略倾斜，离键盘的距离约为 20 厘米～30 厘米。

③ 打字教材或文稿放在键盘的左边，或用专用夹夹在显示器旁边。打字时眼观文稿，身体不要跟着倾斜。

（3）打字指法。

准备打字时，除拇指外其余的八个手指分别放在基本键（A、S、D、F、J、K、L）上，拇指放在空格键上。每个手指除了指定的基本键外，还分工有其他的范围按键，十指分工明确。手指分工如图 2.2 所示。

图 2.2　手指按键分工

指法练习技巧如下。

① 左右手指自然弯曲，放在基本键上，两个拇指轻放在空格键上。

② 以指尖击键，击完后迅速返回基本键位。

③ 食指击键注意键位角度，小指击键力量保持均匀。

④ 数字键采用跳跃式击键。

⑤ 使用上档键及空格键时左右手要配合使用。

5. 窗口的基本操作

（1）调整窗口的大小。

两种方法如下。

① 使用鼠标拖动窗口边框法。

② 使用"最大化"/"最小化"按钮。

（2）调整窗口的位置。

① 将鼠标定位在窗口的标题栏上，按住鼠标左键进行拖动来移动窗口。

② 通过键盘操作移动窗口。

（3）多窗口的显示。

① 多个窗口的排列（层叠、堆叠、并排）。

② 使用鼠标拖动法排列多个窗口。

启动"画图"、"计算器"和"记事本"等三个应用程序，对这些窗口进行层叠、堆叠和并排显示操作。

（4）多窗口的切换。

① 通过单击任务栏按钮进行窗口切换。

② 使用快捷键：Alt+Tab 键。

启动"画图"、"计算器"和"记事本"等三个应用程序，分别使用任务栏按钮和键盘进行窗口切换。

6. 桌面和任务栏的设置

（1）显示或隐藏桌面上的"用户的文件"、"计算机"、"网络"和"回收站"等系统图标。

（2）在桌面上建立常用应用程序的快捷方式。

（3）更改桌面背景。

（4）设置桌面图标以大图标显示。

（5）使用"开始"菜单的搜索框查找文件。

（6）设置"开始"菜单中显示最近打开过的程序数目。

（7）设置任务栏为自动隐藏。

（8）显示或隐藏语言栏。

（9）更改任务栏的位置。

（10）设置任务栏上出现的图标和通知。

7. 应用程序的启动和使用

（1）使用"画图"程序绘制图画。

（2）使用写字板和记事本输入文档。

实验步骤

1. Windows 7 的启动

首先按下显示器的开关，然后再按下机箱的电源开关，启动 Windows 7，显示初始桌面，如图 2.3 所示。

2．Windows 7 的退出

单击"开始"按钮，在打开的"开始"菜单中单击"关机"按钮，系统将所有已经打开或正在运行的程序关闭后，正常关机，最后关闭显示器开关。

3．鼠标的基本操作练习（步骤略）

4．键盘的使用

（1）熟悉键盘结构。

使用打字软件（如金山打字），熟悉键盘分布，学习正确的打字方法。

图 2.3　Windows 7 的初始桌面

（2）练习字符输入。

练习中/英文、标点符号及特殊字符的录入。输入双字符键上的字符时，直接按下输入的是下档字符；如果要输入上档字符，需按住 Shift 键不放，再按下相应的双字符键。

（3）文章录入。

使用打字软件进行英文/中文的录入文章练习，记录打字速度和正确率。

5．窗口的基本操作

（1）调整窗口的大小（步骤略）。

（2）调整窗口的位置（步骤略）。

（3）多窗口的显示。

启动"画图"、"计算器"和"记事本"等三个应用程序，对这些窗口进行层叠、堆叠和并排显示操作。具体操作如下。

① 选择"开始"→"所有程序"→"附件"→"画图"命令，打开"画图"应用程序窗口，如图 2.4 所示。按照同样的方法，依次打开"计算器"和"记事本"。

② 右击任务栏的空白处，打开快捷菜单，如图 2.5 所示。在弹出的快捷菜单中分别选择"层叠窗口"、"堆叠显示窗口"和"并排显示窗口"按钮。这三种排列窗口的效果如图 2.6、图 2.7 和图 2.8 所示。

图 2.4　打开"画图"程序

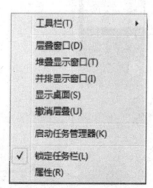

图 2.5　任务栏的快捷菜单

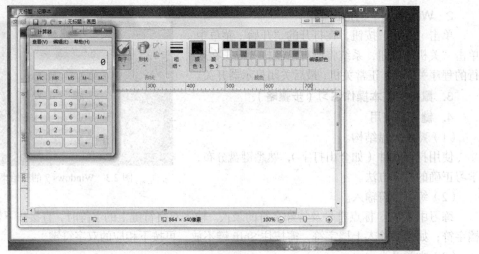

图 2.6 层叠窗口

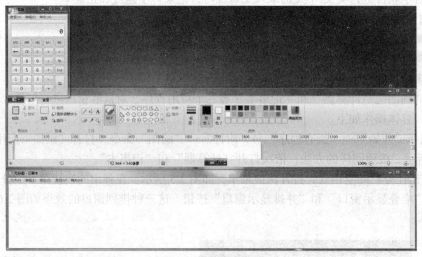

图 2.7 堆叠显示窗口

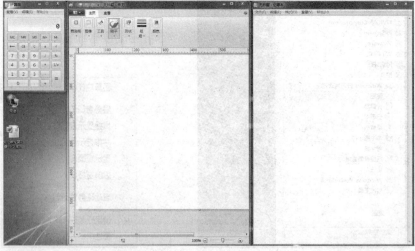

图 2.8 并排显示窗口

（4）多窗口的切换（步骤略）。

6. 桌面和任务栏的设置

（1）显示或隐藏桌面上的"用户的文件"、"计算机"、"网络"和"回收站"等系统图标。具体操作步骤如下。

① 在桌面的空白处右击，在弹出的快捷菜单中选择"个性化"命令。

② 在左窗格中单击"更改桌面图标"超链接，弹出"桌面图标设置"对话框，如图 2.9 所示。

③ 显示/隐藏系统图标，在"桌面图标"选项组中进行设置。选中桌面图标的复选框，即在桌面上显示。取消选中，即隐藏对应图标。单击"确定"按钮完成设置。

（2）在桌面上建立常用应用程序的快捷方式。以添加"金山打字"应用程序的快捷方式为例，具体操作如下。

选择"开始"→"所有程序"→"金山打字"，右击"金山打字"按钮，在打开的快捷菜单中，单击"发送到"→"桌面快捷方式"命令即可，如图 2.10 所示。

图 2.9　"桌面图标设置"对话框

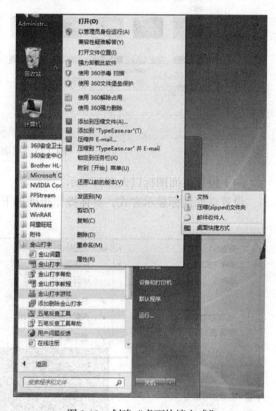

图 2.10　创建"桌面快捷方式"

在桌面上添加快捷图标的另外两种方法，请读者自行练习。

（3）更改桌面背景。

更改桌面背景，具体操作步骤如下。

① 在桌面的空白处右击，在弹出的快捷菜单中选择"个性化"命令。

② 在打开的窗口下方单击"桌面背景"图标，打开桌面背景设置窗口，在其中可查看 Windows 7 附带的背景图片，如图 2.11 所示。

③ 选择其中一张图片，桌面背景将立即显示该图片。如果对系统提供的图片不满意，也可以通过单击"浏览"按钮，选择其他磁盘上的图片作为背景图片。还可以按住 Ctrl 键选择多张图片

创建一个幻灯片，按照设置的时间间隔动态地切换桌面背景。

④ 单击"保存修改"按钮，保存对桌面背景的修改。

图 2.11 桌面背景设置窗口

（4）设置桌面图标以大图标显示。

设置桌面图标显示方式，具体操作步骤如下。

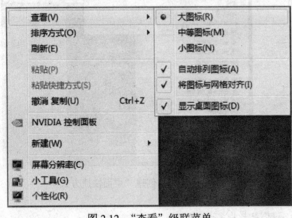

图 2.12 "查看"级联菜单

① 在桌面的空白处右击，打开"桌面"快捷菜单。

② 在该菜单中选取"查看"级联菜单，选择"大图标"图标规格设置即可，如图 2.12 所示。

（5）使用"开始"菜单的搜索框查找文件。

单击"开始"按钮，在打开的"开始"菜单中，光标定位在左边窗格底部的搜索框内，输入搜索项即可在计算机上查找程序和文件。

（6）设置"开始"菜单中显示最近打开过的程序数目。

① 右击"开始"按钮，单击"属性"命令，打开"任务栏和「开始」菜单属性"对话框。选择「开始」菜单"选项卡，单击"自定义"按钮，打开"自定义「开始」菜单"对话框，如图 2.13 所示。

② 在「开始」菜单大小"选项组中，通过微调框或光标定位直接输入的方法，设置"开始"菜单中显示的最近打开过的程序数目。

③ 单击"确定"按钮，完成设置。

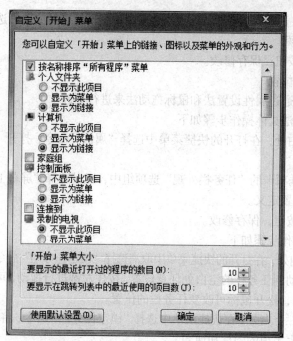

图 2.13　"自定义「开始」菜单"对话框

（7）设置任务栏为自动隐藏。

① 右击任务栏空白处，在打开的快捷菜单中选择"属性"命令，打开"任务栏和「开始」菜单属性"对话框，如图 2.14 所示。

② 在"任务栏"选项卡的"任务栏外观"选项组中，选中"自动隐藏任务栏"复选框，即可实现在鼠标指针离开任务栏时，将隐藏任务栏。

③ 单击"确定"按钮，保存修改。

（8）显示或隐藏语言栏。

① 右击任务栏上的语言栏，在打开的快捷菜单中选择"设置"命令，打开"文本服务和输入语言"对话框，如图 2.15 所示。

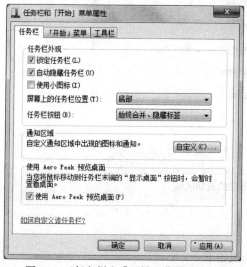

图 2.14　"任务栏和「开始」菜单属性"窗口

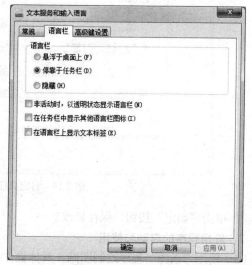

图 2.15　"文本服务和输入语言"对话框

② 选择"语言栏"选项卡，在"语言栏"选项组中；通过选择或取消选择"隐藏"命令来实现对语言栏的显示或隐藏。

③ 单击"确定"按钮，保存修改。

（9）更改任务栏的位置。

任务栏的位置可以通过属性设置法和鼠标拖动法来进行更改。

任务栏的属性设置法具体操作步骤如下。

① 右击任务栏空白处，在打开的快捷菜单中选择"属性"命令，打开"任务栏和「开始」菜单属性"对话框。

② 在"任务栏"选项卡的"任务栏外观"选项组中，通过选择"屏幕上的任务栏位置"下拉列表框中的选项进行位置定义。

③ 单击"确定"按钮，保存修改。

鼠标拖动法具体操作步骤如下。

① 右击任务栏空白处，在打开的快捷菜单中取消选择"锁定任务栏"命令，解除任务栏的锁定。

② 将鼠标指针移动到任务栏的空白处任意位置，按住左键进行拖动，可以将任务栏拖放到屏幕的上下左右四个边上，松开鼠标可改变任务栏的位置。

③ 再次右击任务栏空白处，在快捷菜单中选择"锁定任务栏"命令，将任务栏重新锁定即可。

（10）设置任务栏上出现的图标和通知。

① 右击任务栏空白处，在打开的快捷菜单中选择"属性"命令，打开"任务栏和「开始」菜单属性"对话框。

② 在"通知区域"选项组中，单击"自定义"按钮，在打开的对话框中选择在任务栏上出现的图标和通知，如图 2.16 所示。

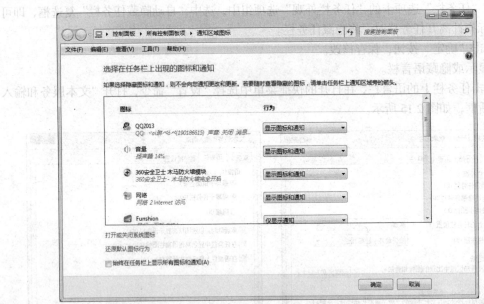

图 2.16　自定义任务栏的通知区域

③ 单击"确定"按钮，保存修改。

7. 应用程序的启动和使用

（1）使用"画图"程序绘制图画，具体操作步骤如下。

① 单击"开始" → "所有程序" → "附件" → "画图"，启动"画图"程序。

② 利用"画图"窗口上方"主页"选项卡中的各种工具进行图画绘制。

③ 保存图片。单击"保存"按钮或选择"画图"菜单中的"保存"命令，设置好正确的"保存位置"和"文件名"后，单击"保存"命令按钮即可。

（2）使用写字板和记事本输入文档。

使用写字板输入文档，具体操作步骤如下。

① 单击"开始"→"所有程序"→"附件"→"写字板"，启动"写字板"程序。

② 在"写字板"窗口的工作区域进行文字录入。

③ 文档格式设置。利用"写字板"窗口上方"主页"选项卡中的各种工具对文档进行格式调整。

④ 保存文档。单击"保存"按钮，设置好正确的"保存位置"和"文件名"后，单击"保存"命令按钮即可。

使用记事本输入文档，具体操作步骤如下。

① 单击"开始"→"所有程序"→"附件"→"记事本"，启动"记事本"程序。

② 在"记事本"窗口的工作区域进行文字录入。

③ 文档格式设置。选择"记事本"的"编辑"菜单，可以对文档进行简单的格式设置，选择是否自动换行，进行文字字体设置等。

④ 保存文档。单击"保存"按钮，设置好正确的"保存位置"和"文件名"后，单击"保存"命令按钮即可。

实验 2.2　Windows 7 的文件管理

实验目的

（1）掌握磁盘格式化的方法。

（2）掌握"资源管理器"的使用方法。

（3）掌握文件和文件夹属性的设置方法。

（4）掌握文件夹的建立和删除的方法。

（5）掌握文件的复制、移动和删除。

（6）掌握文件和文件夹的查找方法。

实验内容

1. 格式化磁盘

通过"资源管理器"格式化 U 盘，并将 U 盘卷标号设置为"我的 U 盘"。

2. 选择文件和文件夹

（1）在资源管理器内通过双击打开 C:\WINDOWS 文件夹。

（2）同时选择 C:\WINDOWS 文件夹中的 Web 子文件夹和 explorer.exe 文件。

3. 查看、设置文件和文件夹的属性

查看 C:\WINDOWS 文件夹的常规属性，并将其常规属性记录下来。

大小＿＿＿＿＿＿＿＿＿＿＿＿＿＿＿、占用空间＿＿＿＿＿＿＿＿＿＿＿＿＿＿＿、

包含文件数＿＿＿＿＿＿＿＿＿＿＿＿、子文件夹数＿＿＿＿＿＿＿＿＿＿＿＿＿、

创建时间＿＿＿＿＿＿＿＿＿＿＿、隐藏＿＿＿＿＿＿＿、只读＿＿＿＿＿＿＿。

4. 设置文件和文件夹的显示方式

（1）在 Windows 资源管理器中执行"查看"菜单内相应的命令，分别选用平铺、图标、列表、详细信息等方式显示文件和文件夹。

（2）在 Windows 资源管理器中执行"查看"→"排列方式"菜单项内相应的命令，分别按名称、大小、类型、修改时间等排列方式显示文件和文件夹。

（3）在 Windows 资源管理器中显示属性为"系统"、"隐藏"的文件和文件夹。

（4）在 Windows 资源管理器中设置文件和文件夹的扩展名。

5. 在磁盘上创建新文件夹

新建文件夹结构如图 2.17 所示。

6. 复制或移动文件或文件夹

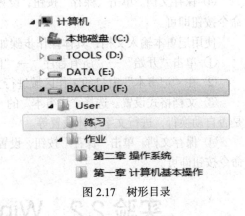

图 2.17　树形目录

（1）用鼠标拖动操作将 C:\WINDOWS\Debug 文件夹复制到 C 盘根目录下。

（2）用鼠标拖动操作将 C:\WINDOWS\Help 文件夹中的 access.hlp 和 ade.hlp 文件移动到 C 盘根目录下（注意，如果所使用的计算机上没有这两个文件，可以另外找两个其他的 hlp 文件代替，其他操作题遇到类似的情况，也做相同处理）。

（3）用命令操作将 C:\WINDOWS\Cursors 文件夹中的 busy_i.cur 和 beam_i.ani 文件复制到 C 盘根目录下。

（4）用命令操作将 C:\WINDOWS\Cursors 文件夹中的 arrow_i.cur 和 arrow_il.ani 文件移动到 C 盘根目录下。

（5）用命令拖动操作将 C:\WINDOWS\Help 文件夹中的 access.hlp 和 ade.hlp 文件复制到 U 盘根目录下。

7. 搜索文件或文件夹

（1）查找 C 盘上扩展名为.txt 的文件或文件夹。

（2）查找名称内含有.dow 的文件或文件夹。

（3）查找 C 盘上扩展名是.exe，修改时间介于 2012-5-1~2013-5-1 之间的文件。

（4）查找 C 盘上第三个字母为 R，扩展名为.bmp 的文件。

实验步骤

1. 格式化磁盘

将 U 盘插入 USB 接口，打开"资源管理器"窗口，右击 U 图标，执行快捷菜单中的"格式化"命令，打开 "格式化"对话框，在"卷标"下方的文本框内输入"我的 U 盘"后，单击"开始"按钮，即可进行格式化。

注：如磁盘中的文件已被打开，则不能进行格式化操作。

2. 选择文件或文件夹

若要选择多个连续的文件或文件夹，先单击选中第一个项目，按住 Shift 键，然后单击最后一个项目。

若要选择多个不连续的文件或文件夹，按住 Ctrl 键，再单击每一个项目。

若要选择当前文件夹中的所有项目，单击"编辑"菜单，然后选择"全部选定"命令。

3. 查看、设置文件和文件夹的属性

执行"文件"→"属性",打开"属性"对话框即可进行查看和设置。

4. 设置文件或文件夹的显示方式

(1)略。

(2)略。

(3)打开"资源管理器"窗口,执行"工具"→"文件夹选项"命令,打开"文件夹选项"对话框,选择"查看"选项卡,在"高级设置"列表框内进行选择设置。

(4)在"高级设置"列表框内取消"隐藏已知文件类型的扩展名"复选框的选择。

5. 在磁盘上创建新文件夹

打开要创建新文件的文件夹,执行"文件"→"新建"→"文件夹"命令。输入新文件夹名称,按 Enter 键。

6. 复制或移动文件或文件夹

(1)在资源管理器左侧窗格中单击 C:\WINDOWS\Debug 文件夹,按住 Ctrl 键不放,用鼠标将其直接拖放到 C 盘驱动器图标上。当对象被拖放到目标位置时,目标对象图标说明文字变成蓝底白字,然后释放鼠标和 Ctrl 键。

(2)在资源管理器中打开 C:\WINDOWS\Help 文件夹,同时选择 access.hlp 和 ade.hlp 文件,将所选文件直接拖放到 C 盘驱动器图标上。

(3)选择 Windows\cursors 文件夹中的 busy_i.cur 和 beam_i.ani 文件后,执行"编辑"→"复制"命令,将鼠标指向要复制到的目标上,执行"编辑"→"粘贴"命令。

(4)打开 D 盘,单击要复制的文件或文件夹,执行"文件"→"发送到"→"可移动磁盘"。

7. 搜索文件或文件夹

(1)双击桌面上的"计算机"图标,打开"资源管理器"。单击左侧列表的"计算机"选项,在展开的下一级列表中选择盘符 C,在窗口右上角带有"搜索程序和文件"字样的搜索栏中输入*.txt(本例中只给出了扩展名,故使用通配符*加扩展名 txt)。搜索结果会以黄色高亮形式显示出来,同时会标明其所在位置。

(2)在窗口右上角带有"搜索程序和文件"字样的搜索栏中输入"dow",所有包含有"dow"这三个字母的搜索结果都会以黄色高亮形式显示出来,并且会标明其所在位置。

(3)在窗口右上角带有"搜索程序和文件"字样的搜索栏中输入??R*.bmp,完成搜索后,执行"文件"→"保存搜索"命令,打开"保存搜索"对话框,指定保存位置和文件名即可保存搜索条件便于下次使用。

实验 2.3　Windows 7 的其他操作

实验目的

(1)掌握控制面板的使用方法。

(2)掌握附件中各种应用程序的使用方法。

实验内容

1. 桌面的设置

（1）选择 Window 7 主题。

（2）在 Windows 7 提供的"Windows 桌面背景"中，选择一幅图片作为桌面背景，并把它拉伸到整个桌面。

（3）选择"三维文字"屏幕保护程序，显示"计算机屏幕保护"，设置为摇摆式旋转，等待时间为 1 分钟，恢复时返回到欢迎屏幕。

（4）查看屏幕分辨率。如果分辨率为 1440 像素×900 像素，则设置为 1024 像素×768 像素，否则设置为 1440 像素×900 像素。

（5）保存修改过的主题，文件名为 Window 7 New.theme。

2. 自制图片作背景

使用"画图"程序制作一张精美的图片，并将该图片设置为桌面背景。

3. 查看系统信息

查看并记录下列系统信息。

完整的计算机名称：_____。

隶属于的域或工作组：_____。

网络适配器的型号：_____。

4. 创建新用户

创建一个新用户 Student，并授予计算机管理员权限。

5. 磁盘碎片整理

使用"磁盘碎片整理程序"整理 C 盘。

6. 计算器的使用

利用计算器对下列各数进行数值转换。

（1）$(192)_{10}=($ $)_2=($ $)_8=($ $)_{16}$

（2）$(AF4)_{16}=($ $)_2=($ $)_{10}$

（3）$(111001011)_2=($ $)_{10}$

实验步骤

1. 桌面的设置

（1）单击"开始"→"控制面板"命令，在"控制面板"窗口中，单击"外观和个性化"图标（或右击桌面空白区域，在弹出的快捷菜单中单击"个性化"），打开设置窗口，设置系统的主题。

（2）单击设置窗口下方的"桌面背景"图标，在"选择桌面背景"窗口中，单击"图片位置"右侧的下拉列表，选择"Windows 桌面背景"列表项，在下侧列表中勾选一幅图片，"图片位置"选择"拉伸"，单击"保存修改"按钮。

（3）单击设置窗口下方的"屏幕保护程序设置"图标，在"屏幕保护程序"下拉列表框中选择"三维文字"，单击"设置"按钮，弹出"三维文字设置"对话框，如图 2.18 所示；选择"自定义文字"单选按钮，在其后的文本框中输入"计算机屏幕保护"，设置"旋转类型"为"摇摆式"，单击"确定"按钮，回到"屏幕保护程序"对话框，设置"等待"为 1 分钟，单击"确定"按钮。

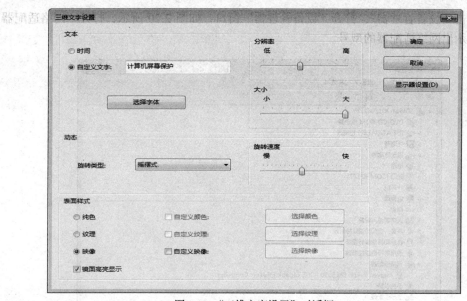

图 2.18　"三维文字设置"对话框

（4）右击桌面空白区域，在弹出的快捷菜单中单击"屏幕分辨率"。

（5）在"个性化设置"窗口中，选择"选择主题"。

2. 自制图片做背景

执行"开始"→"所有程序"→"附件"→"画图"命令，打开"画图"窗口。使用画图工具绘制一幅图片后，依据图片大小，执行"文件"→"设置为桌面背景"→"填充"或"平铺"或"居中"。

3. 查看系统信息

（1）在"控制面板"窗口中，选择"系统和安全"，在"系统和安全"窗口中，选择"系统"（或在桌面上右击"计算机"，选择快捷菜单中的"属性"），打开"系统属性"对话框，可以查看计算机名称及工作组或域的名称，如图 2.19 所示。

图 2.19　"系统属性"对话框

（2）单击"设备管理器"，打开"设备管理器"窗口，如图 2.20 所示，打开"网络适配器"折叠项，显示出网络适配器的型号。

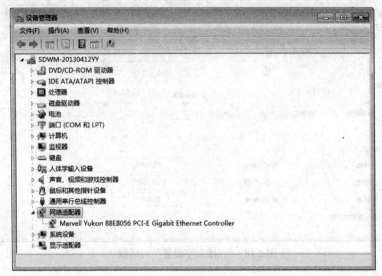

图 2.20 "设备管理器"窗口

4. 创建新用户

打开"控制面板"中的"添加或删除用户账户"，在"管理账户"窗口中，选择"创建一个新账户"，输入"新账户名"，选择"管理员"单选按钮，单击"创建账户"按钮。

5. 磁盘碎片整理

执行"开始"→"所有程序"→"附件"→"系统工具"→"磁盘碎片整理程序"命令，打开"磁盘碎片整理程序"窗口，如图 2.21 所示，选择 C 盘后，单击"分析磁盘"按钮。

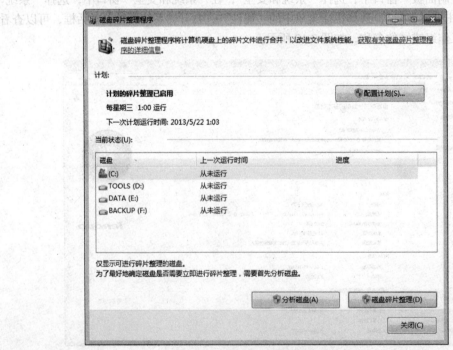

图 2.21 "磁盘碎片整理程序"窗口

6. 计算器的使用

执行"开始"|"所有程序"|"附件"|"计算器"命令，打开"计算器"窗口，在"查看"菜单中选择"程序员"，"计算器"窗口如图 2-22 所示。选择要计算的数值的数制，输入要计算的数值，再切换成要转换后的数制，计算器将计算出相应的数值。

图 2.22 "计算器"窗口

习题 2

一、选择题

1. 在 Windows 7 环境中，鼠标是重要的输入工具，而键盘（　　）。
    A. 无法起作用
    B. 仅能配合鼠标，在输入中起辅助作用（如输入字符）
    C. 仅能在菜单操作中运用，不能在窗口中操作
    D. 能完成几乎所有的操作
2. 目前全世界范围内，使用最广泛的桌面操作系统是（　　）。
    A. Windows　　　　　B. Linux　　　　　C. Unix　　　　　D. Dos
3. 我们通常所说的 Windows 7 是一种（　　）。
    A. CPU 型号　　　　B. 应用软件　　　　C. 操作系统　　　　D. 硬件系统
4. 下列不属于 Windows 操作系统家族的是（　　）。
    A. DOS　　　　　　　　　　　　　B. Winows 2003
    C. Windows 2007　　　　　　　　　D. Winows XP
5. Windows 操作系统家族是由（　　）公司开发的。
    A. Sun　　　　　　B. 联想　　　　　C. Microsoft　　　　D. Novell
6. 在 Windows 中，"回收站"中的文件或文件夹被还原后，将从回收站移出到（　　）。
    A. 一个专门存放还原文件的文件夹中　　　B. 桌面上
    C. 原先的位置　　　　　　　　　　　　　D. 任何一个文件夹下
7. 在 Windows 7 中，如果想同时改变窗口的高度或宽度，可以通过拖动（　　）来实现。
    A. 窗口边框　　　　B. 窗口角　　　　C. 滚动条　　　　D. 菜单栏
8. 在 Windows 7 中，有一些文件的内容较多，即使窗口最大化，也无法在屏幕上完全显示出

来，此时可利用窗口的（　　　）来阅读整个文件的内容。

　　A. 窗口边框　　　　　　B. 滚动条　　　　　　C. 控制菜单　　　　　　D. 最大化按钮

9. Windows 7 文件的目录结构形式属于（　　　）。

　　A. 关系型　　　　　　　　B. 网络型　　　　　　C. 线型　　　　　　　D. 树型

10. 在 Windows 7 中，要实现文件或文件夹的快速移动与复制，可通过（　　　）鼠标来完成。

　　A. 单击　　　　　　　　　B. 双击　　　　　　　C. 拖动　　　　　　　D. 移动

11. 在 Windows 资源管理器中，文件夹中的某个文件夹的左边的 ▷ 表示（　　　）。

　　A. 该文件夹有隐藏文件　　　　　　　　　B. 该文件夹为空

　　C. 该文件夹含有子文件夹　　　　　　　　D. 该文件夹含有系统文件

12. 在 Windows 7 中，（　　　）不是可选的图标排列方式。

　　A. 按项目类型　　　　　　B. 按名称　　　　　　C.按属性　　　　　　D. 按大小

13. 用鼠标拖动窗口的（　　　），可以移动整个窗口。

　　A. 工具栏　　　　　　　　B. 标题栏　　　　　　C. 菜单栏　　　　　　D. 工作区

14. 在 Windows 7 的菜单中，有的菜单选项右端有一个向右的箭头，这表示该菜单项（　　　）。

　　A. 已被选中　　　　　　　　　　　　　　　B. 还有子菜单

　　C. 将弹出一个对话框　　　　　　　　　　　D. 是无效菜单项

15. 在 Windows 7 的菜单中，有的菜单选项右端有符号"…"，这表示该菜单项（　　　）。

　　A. 已被选中　　　　　　　　　　　　　　　B. 还有子菜单

　　C. 将弹出一个对话框　　　　　　　　　　　D. 是无效菜单项

16. 在 Windows 7 的菜单中，有的菜单选项显示为灰色，这表示该菜单项（　　　）。

　　A. 暂时不能使用　　　　　　　　　　　　　B. 还有子菜单

　　C. 将弹出一个对话框　　　　　　　　　　　D. 是无效菜单项

17. Windows 7 的"回收站"是（　　　）。

　　A. 存放重要的系统文件的容器　　　　　　B. 存放打开文件的容器

　　C. 存放已删除文件的容器　　　　　　　　D. 存放长期不使用的文件的容器

18. 关于回收站正确的是（　　　）。

　　A. 暂存所有被删除的对象　　　　　　　　B. 回收站的内容不可以恢复

　　C. 清空回收站后，仍可用命令方式恢复　　D. 回收站的内容不占硬盘空间

19. Windows 7 环境下，"磁盘碎片整理程序"的主要作用是（　　　）。

　　A. 提高文件访问速度　　　　　　　　　　B. 修复损坏的磁盘

　　C. 缩小磁盘空间　　　　　　　　　　　　D. 扩大磁盘空间

20. 在 Windows 7 环境中，为了防止他人无意修改某一文件，应设置该文件的属性为（　　　）。

　　A. 只读　　　　　　　　　B. 加密　　　　　　　C. 系统　　　　　　　D. 存档

21. 键盘是输入设备，通常分为（　　　）。

　　A. 2 个键区　　　　　　　B. 3 个键区　　　　　　C.4 个键区　　　　　　　D.5 个键区

22. 使键盘输入大小写字母锁定，使用（　　　）键。

　　A. Shift　　　　　　　　　B. Alt　　　　　　　　C. Caps Lock　　　　　D. Num Lock

23. 要锁定小键盘（数字键盘），使用（　　　）。

　　A. Shift　　　　　　　　　B. Alt　　　　　　　　C. Caps Lock　　　　　D. Num Lock

24. 输入双字符键上面的字符时，需按住（　　　）键。

　　A. Tab　　　　　　　　　　B. Caps Lock　　　　　C. Shift　　　　　　　D. Alt

25. 计算机使用的键盘中，Shift 键是（　　　）。

　　A. 换档键　　　　　　　　B. 退格键　　　　　　C. 空格键　　　　　　D. 键盘类型

26. 若微机系统需要热启动，应同时按下组合键（　　　）。
　　A. Ctrl+Alt+Break　　　　　　　　　　B. Ctrl+Esc+Del
　　C. Ctrl+Alt+Del　　　　　　　　　　　D. Ctrl+Shift+Break

27. 在 Windows 7 环境下，粘贴快捷键是（　　　）。
　　A. Ctrl+A　　　　　　B. Ctrl+X　　　　　C. Ctrl+C　　　　　D. Ctrl+V

28. 在 Windows 7 环境下，全选的快捷键是（　　　）。
　　A. Ctrl+A　　　　　　B. Ctrl+X　　　　　C. Ctrl+C　　　　　D. Ctrl+V

29. 在 Windows 7 环境下，复制的快捷键是（　　　）。
　　A. Ctrl+A　　　　　　B. Ctrl+X　　　　　C. Ctrl+C　　　　　D. Ctrl+V

30. 在 Windows 7 环境下，剪切的快捷键是（　　　）。
　　A. Ctrl+A　　　　　　B. Ctrl+X　　　　　C. Ctrl+C　　　　　D. Ctrl +V

31. 在 Windows 7 环境下，在几个任务间切换可用键盘命令（　　　）。
　　A. Alt+Tab　　　　　B. Shift+Tab　　　　C. Ctrl+Tab　　　D. Shift +Esc

32. 打印当前屏幕内容应使用的控制键是（　　　）。
　　A. Scroll-Lock　　　　B. Num-Lock　　　　C. Pageup　　　　D. Printscreen

33. 在 Windows 7 环境下，同时按下键盘的 Alt + F4 键，可以（　　　）窗口。
　　A. 关闭　　　　　　　　B. 最大化　　　　　C. 最小化　　　　　D. 打开

34. 微型计算机键盘上的 Tab 键是（　　　）。
　　A. 退格键　　　　　　　B. 控制键　　　　　C. 交替换档键　　　D. 制表定位键

35. 启动 Windows 7 系统时，要想直接进入最小系统配置的安全模式，按（　　　）。
　　A. F7 键　　　　　　　　B. F8 键　　　　　　C. F9 键　　　　　D. F10 键

36. 在"记事本"或"写字板"窗口中，对当前编辑的文档进行存储，可以用（　　　）快捷键。
　　A. Alt+F　　　　　　　B. Alt+S　　　　　　C. Ctrl+S　　　　　D. Ctrl+F

37. 在 Windows 7 窗口中，删除一组文件，可以用（　　　）键辅助操作，连续选取定义一组文件。
　　A. Alt　　　　　　　　B. Ctrl　　　　　　C. Shift　　　　　D. Enter

38. 不能将选定的内容复制到剪贴板的操作是（　　　）
　　A. Ctrl+B　　　　　　　　　　　　　B. Ctrl+C
　　C. Ctrl+X　　　　　　　　　　　　　D. "编辑"菜单中选"剪切"

39. 在 Windows 7 环境下，如果想一次选定多个分散的文件或文件夹，正确的操作是（　　　）。
　　A. 按住 Shift 键，用鼠标右键逐个选取　　　B. 按住 Ctrl 键，用鼠标右键逐个选取
　　C. 按住 Ctrl 键，用鼠标左键逐个选取　　　D. 按住 Shift 键，用鼠标左键逐个选取

40. 在 Windows 7 的"计算机"窗口中，若已选定硬盘上的文件或文件夹，并按了 DEL 键和"确定"按钮，则该文件或文件夹将（　　　）。
　　A. 被删除并放入"回收站"　　　　　　B. 不被删除也不放入"回收站"
　　C. 被删除但不放入"回收站"　　　　　D. 不被删除但放入"回收站"

41. 在 Windows 7 的"计算机"窗口中，若已选定硬盘上的文件或文件夹，在删除时按下（　　　）键将直接删除文件而不将文件放入回收站。
　　A. Ctrl　　　　　　　B. Alt　　　　　　　C. Tab　　　　　　D. Shift

42. 当一个应用程序在执行时，其窗口被最小化，该应用程序将（　　　）。
　　A. 被暂停执行　　　　　　　　　　　B. 被终止执行
　　C. 被转入后台执行　　　　　　　　　D. 继续在前台执行

43. 在桌面的任务栏中，显示的是（   ）。
    A. 所有已打开的窗口图标
    B. 不含窗口最小化的所有被打开窗口的图标
    C. 当前窗口的图标
    D. 除当前窗口外的所有已打开的窗口图标

44. 当鼠标光标变成"沙漏"状时，通常情况是表示（   ）。
    A. 正在选择   B. 后台运行   C. 系统忙   D. 选定文字

45. Windows 7 的整个显示屏幕称为（   ）。
    A. 窗口   B. 操作台   C. 工作台   D. 桌面

46. 在 Windows 7 中，下列关于"任务栏"的叙述，哪一种是错误的？（   ）。
    A. 可以将任务栏设置为自动隐藏
    B. 任务栏可以移动
    C. 通过任务栏上的按钮，可实现窗口之间的切换
    D. 在任务栏上，只显示当前活动窗口名

47. 按（   ）键之后，可删除光标位置前的一个字符。
    A. Insert   B. Del   C. Backspace   D. Edn

48. 按（   ）键之后，可删除光标位置后的一个字符。
    A. Insert   B. Del   C. Backspace   D. Edn

49. 在 Windows 7 系统下，安全地关闭计算机的正确操作是（   ）。
    A. 直接按主机面板上的电源按钮
    B. 先关闭显示器，再按主机面板上的电源按钮
    C. 单击开始菜单，选择关机命令
    D. 先按主机面板上的电源按钮，再关闭显示器

50. 记事本文档的扩展名是（   ）。
    A. ppt   B. txt   C. xsl   D. doc

51. 关于 Windows 7 下的窗口，下面说法错误的是（   ）。
    A. 窗口的外观基本相同
    B. 窗口的操作方法基本相同
    C. 可以同时打开多个窗口，但只有一个是活动窗口
    D. 可以有多个活动窗口

52. 下列关于剪贴板的说法中，不正确的是（   ）。
    A. 凡是有"剪切"和"复制"命令的地方，都可以把选取的信息送到剪贴板中
    B. 剪贴板中的信息超过一定数量时，会自动清空，以节省内存空间
    C. 剪贴板中的信息可以自动保存成磁盘文件并长期保存
    D. 剪贴板不只是存放文字，还能存放图片等

53. 将回收站中的文件还原时，被还原的文件将回到（   ）。
    A. 桌面上   B. 网络中   C. 内存中   D. 被删除的位置

54. Windows 应用程序窗口，不能实现的操作是（   ）。
    A. 最小化   B. 最大化   C. 移动   D. 旋转

55. 使用 Windows 7 的"网络"可以（   ）。
    A. 添加本机的共享资源   B. 浏览因特网上的共享资源
    C. 浏览局域网中的共享资源   D. 收发 E-mail

56. 键盘上的 Ctrl 是控制键，它（　　）其他键配合使用。
    A. 总是与　　　　　　　B. 不需要与　　　　　　C. 有时与　　　　　　D. 和 Alt 一起再与

57. 在 Windows 7 中同时运行多个应用程序后，一些窗口会遮住另外一些窗口，这时用户可将鼠标移到（　　）空白区域，单击鼠标右键启动快捷菜单来重新排列这些窗口（层叠、堆叠显示等）。
    A. 标题栏　　　　　　　B. 工具栏　　　　　　　C. 任务栏　　　　　　D. 菜单栏

58. 用户单击"开始"按钮后，会看到"开始"菜单中包含一组命令，其中"所有程序"项的作用是（　　）。
    A. 显示可运行程序的清单　　　　　　　　　　B. 表示要开始编写程序
    C. 表示开始执行程序　　　　　　　　　　　　D. 显示网络传送来的最新程序的清单

59. 在 Windows 7 中，菜单行位于窗口的（　　）。
    A. 最顶端　　　　　　　B. 标题行的下面　　　　C. 最底端　　　　　　D. 以上都不是

60. 在 Windows 7 中，下列关于滚动条操作的叙述，不正确的是（　　）。
    A. 通过单击滚动条上的滚动箭头可以实现一行行滚动
    B. 通过拖动滚动条上的滚动框可以实现快速滚动
    C. 滚动条有水平滚动条和垂直滚动条两种
    D. 在 Windows 7 上每个窗口都具有滚动条

61. 文件的类型可以根据（　　）来识别。
    A. 文件大小　　　　　　B. 文件的用途　　　　　C. 文件的扩展名　　D. 文件的名称

62. 同时选择某一位置下全部文件或文件夹的快捷键是（　　）。
    A. Ctrl+C　　　　　　　B. Ctrl+V　　　　　　　C. Ctrl+A　　　　　　D. Ctrl+S

63. 直接永久删除文件而不是先将其移至回收站的快捷键是（　　）。
    A. Esc+Delete　　　　　B. Alt+Delete　　　　　C. Ctrl+ Delete　　　D. Shift+Delete

64. 使用"画图"程序绘制的图片默认扩展名是（　　）。
    A. BMP　　　　　　　　B. EXE　　　　　　　　C. JPG　　　　　　　D. AVI

65. 如果一个文件的名字是"AA. BMP"，则该文件是（　　）。
    A. 可执行文件　　　　　B. 文本文件　　　　　　C. 网页文件　　　　D. 位图文件

66. 在 Windows 7 中，关于文件夹的描述不正确的是（　　）。
    A. 文件夹是用来组织和管理文件的
    B. 桌面上的"计算机"是一个文件夹
    C. 文件夹中可以存放子文件夹
    D. 文件夹中不可以存放设备驱动程序

67. 在 Windows 7 中，不属于控制面板操作的是（　　）。
    A. 更改桌面显示和字体　　　　　　　　　　　B. 添加新硬件
    C. 造字　　　　　　　　　　　　　　　　　　D. 调整鼠标的使用设置

68. 在 Windows 7 资源管理器中，格式化磁盘的操作可使用（　　）。
    A. 左击磁盘图标，选"格式化"命令
    B. 右击磁盘图标，选"格式化"命令
    C. 选择"文件"菜单下的"格式化"命令
    D. 选择"工具"菜单下的"格式化"命令

69. 在 Windows 7 中，单击"开始"按钮，可以打开（　　）。
    A. 快捷菜单　　　　　　B. 开始菜单　　　　　　C. 下拉菜单　　　　D. 对话框

70. 在 Windows 7 资源管理器中，选定多个非连续文件的操作为（　　）。
    A. 按住 Shift 键，单击每一个要选定的文件图标
    B. 按住 Ctrl 键，单击每一个要选定的文件图标
    C. 先选中第一个文件，按住 Shift 键，再单击最后一个要选定的文件图标
    D. 先选中第一个文件，按住 Ctrl 键，再单击最后一个要选定的文件图标

71. 在 Windows 7 资源管理器中，选定多个连续文件的操作为（　　）。
    A. 按住 Shift 键，单击每一个要选定的文件名
    B. 按住 Alt 键，单击每一个要选定的文件名
    C. 先选中第一个文件，按住 Shift 键，再单击最后一个要选定的文件名
    D. 先选中第一个文件，按住 Ctrl 键，再单击最后一个要选定的文件名

72. Windows 7 中，可以设置控制计算机硬件配置和修改显示属性的应用程序是（　　）。
    A. Word   B. Excel   C. 资源管理器   D. 控制面板

73. 在 Windows 7 的资源管理器中，要创建文件夹，应先打开的菜单是（　　）。
    A. 文件   B. 编辑   C. 查看   D. 插入

74. 在 Windows 7 的某窗口中，在隐藏工具栏的状态下，若要完成剪切/复制/粘贴功能，可以（　　）实现。
    A. 通过"查看"菜单中的剪切/复制/粘贴命令
    B. 通过"文件"菜单中的剪切/复制/粘贴命令
    C. 通过"编辑"菜单中的剪切/复制/粘贴命令
    D. 通过"帮助"菜单中的剪切/复制/粘贴命令

75. 在 Windows 7 中，对桌面背景的设置可以通过（　　）。
    A. 鼠标右键单击"计算机"，选择"属性"菜单项
    B. 鼠标右键单击"开始"菜单
    C. 鼠标右键单击桌面空白区，选择"个性化"菜单项
    D. 鼠标右键单击任务栏空白区，选择"设置"菜单项

76. 在 Windows 7 中，快速获得硬件的有关信息可通过（　　）。
    A. 鼠标右键单击桌面空白区，选择"属性"菜单项
    B. 鼠标右键单击"开始"菜单
    C. 鼠标右键单击"计算机"，选择"属性"菜单项
    D. 鼠标右键单击任务栏空白区，选择"属性"菜单项

77. 在 Windows 7 中，在输入法列表框中选定一种汉字输入法，屏幕上就会出一个与该输入法相应的（　　）。
    A. 汉字字体列表框   B. 汉字字号列表框
    C. 汉字输入编码框   D. 汉字输入法状态栏

78. 在 Windows 7 中，不能实现改变系统中的日期和时间的操作是（　　）。
    A. 在任务栏右下角时钟位置上，单击鼠标右键，在弹出的快捷菜单中选择"调整日期/时间"选项
    B. 依次单击"开始"→"控制面板"，再选择"时钟、语言和区域"→"设置时间和日期"
    C. 在桌面窗口空白处单击鼠标右键，在弹出的快捷菜单中调整
    D. 双击任务栏右下角时钟图标

79. 在 Windows 7 中，要设置屏幕保护程序，控制面板中可以使用的命令是（　　）。
    A. 系统和安全   B. 网络和 Internet

C. 硬件和声音　　　　　　　　　　　　　D. 外观和个性化

80. 在 Windows 7 中，要移动桌面上的图标，需要使用的鼠标操作是（　　　）。
　　A. 单击　　　　　B. 双击　　　　　C. 拖动　　　　　D. 右击

81. 在 Windows 7 中，用鼠标双击窗口的标题栏，则（　　　）。
　　A. 关闭窗口　　　　　　　　　　　　　B. 最小化窗口
　　C. 移动窗口的位置　　　　　　　　　　D. 改变窗口的大小

82. 在 Windows 7 中，"撤销"命令的快捷组合键是（　　　）。
　　A. Ctrl+A　　　　B. Ctrl+X　　　　C. Ctrl+Z　　　　D. Ctrl+V

83. 在 Windows 7 中，关于文件/文件夹与图标的说法，正确的是（　　　）。
　　A. 只有文件夹才有图标，而文件一般没有图标
　　B. 只有文件才有图标，而文件夹一般没有图标
　　C. 文件和文件夹一般都有图标，且不同类型的文件一般对应相同的图标
　　D. 文件和文件夹一般都有图标，且不同类型的文件一般对应不同的图标

84. 关于 Windows 7 文件命名的规定，不正确的是（　　　）。
　　A. 用户指定文件名时可以用字母的大小写格式，但不能利用大小写区别文件名
　　B. 搜索文件时，可使用通配符"?"和"*"
　　C. 文件名可用字母、允许的字符、数字和汉字命名
　　D. 由于文件名可以使用间隔符"."，因此可能出现无法确定文件的扩展名

85. 在 Windows 7 中，文件名"ABCD. DOC. EXE. TXT"的扩展名是（　　　）。
　　A. ABCD　　　　　B. DOC　　　　　C. EXE　　　　　D. TXT

86. Windows 7 下恢复被误删除的文件，应使用（　　　）。
　　A. 我的电脑　　　　B. 文档　　　　　C. 设置　　　　　D. 回收站

87. 在 Windows 7 中，对"回收站"说法正确的是（　　　）。
　　A. 它保存了所有系统文件　　　　　　　B. 其中的文件不能再次使用
　　C. 可设置成删除的文件不进回收站　　　D. 其中的文件只能保存 30 天

88. 在 Windows 7 中，如果要把 A 盘某个文件夹中的一些文件复制到 C 盘中，在选定文件后，可以将选中的文件拖曳到目标文件夹中的鼠标操作是（　　　）。
　　A. 直接拖曳　　　　B. Shift+拖曳　　　C. Alt+拖曳　　　D. 单击

89. 在 Windows 7 中，当已选定文件夹后，下列操作中不能删除该文件夹的是（　　　）。
　　A. 在键盘上按 Delete 键
　　B. 用鼠标右键单击该文件夹，打开快捷菜单，然后选择"删除"命令
　　C. 在文件菜单中选择"删除"命令
　　D. 用鼠标左键双击该文件夹

90. 在 Windows 7 中，在树型目录结构下，不允许两个文件名（包括扩展名）相同指的是在（　　　）。
　　A. 不同磁盘的不同目录下　　　　　　　B. 不同的磁盘的同一个目录下
　　C. 同一个磁盘的不同目录下　　　　　　D. 同一个磁盘的同一个目录下

91. 在 Windows 7 中，要将屏幕分辨率调整到 1024 像素×768 像素，进行设置时应选择控制面板中的（　　　）。
　　A. 系统　　　　　　　　　　　　　　　B. 调整屏幕分辨率
　　C. 自动更新　　　　　　　　　　　　　D. 管理工具

92. 在 Windows 7 "资源管理器"中，左窗格的内容是（　　　）。

  A. 所有未打开的文件夹   B. 树型文件目录

  C. 所有打开的文件夹   D. 非树型文件目录

93. 在 Windows 7 "资源管理器" 窗口右部选定所有文件，如果要取消其中几个文件的选定，应进行的操作是（ ）。

  A. 用鼠标左键依次单击各个要取消选定的文件

  B. 用鼠标右键依次单击各个要取消选定的文件

  C. 按住 Shift 键，再用鼠标左键依次单击各个要取消选定的文件

  D. 按住 Ctrl 键，再用鼠标左键依次单击各个要取消选定的文件

94. 把文件 "C:\123.doc" 转移到 D 盘根目录下的一种正确的操作方法是（ ）。

  A. 在 C 盘根目录下选中文件 "123.doc" 单击工具栏 "剪切" 按钮，在 D 盘根目录下单击工具栏 "粘贴" 按钮

  B. 在 C 盘根目录下选中文件 "123.doc" 单击工具栏 "复制" 按钮，在 D 盘根目录下单击工具栏 "粘贴" 按钮

  C. 在 C 盘根目录下选中文件 "123.doc" 单击工具栏 "删除" 按钮，在 D 盘根目录下单击工具栏 "粘贴" 按钮

  D. 无法实现此操作

95. 在 Windows 7 中，可以由用户设置的文件属性为（ ）。

  A. 存档、系统和隐藏   B. 只读、系统和隐藏

  C. 只读、存档和隐藏   D. 系统、只读和存档

96. 在查找文件时，通配符 * 与？的含义是（ ）。

  A. * 表示任意多个字符，？表示任意一个字符

  B. ？表示任意多个字符，* 表示任意一个字符

  C. *和？表示乘号和问号

  D. 查找*.？与?.*的文件是一致的

97. 在 Windows 7 资源管理器中，选定文件后，打开 "文件属性" 对话框的操作是（ ）。

  A. 单击 "查看" → "属性" 菜单项

  B. 单击 "编辑" → "属性" 菜单项

  C. 单击 "工具" → "属性" 菜单项

  D. 单击 "文件" → "属性" 菜单项

98. Windows 7 在控制面板中的 "用户账户" 中不可以进行的操作是（ ）。

  A. 修改用户账户的口令   B. 添加/删除用户账户

  C. 修改用户账户   D. 修改某个用户账户的桌面设置

99. 在 Windows 7 中，下面说法正确的是（ ）。

  A. 每个计算机可以有多个默认打印机

  B. 如果一台计算机安装了两台打印机，这两台打印机都可以不是默认打印机

  C. 每台计算机如果已经安装了打印机，则必有一个也仅仅有一个是默认打印机

  D. 默认打印机是系统自动产生的，用户不可更改

100. 在 Windows 7 中，下列不是屏幕保护程序作用的是（ ）。

  A. 保护屏幕

  B. 有一定的省电作用

  C. 保护当前用户在屏幕上显示的内容不被其他人看到

  D. 为了不让计算机屏幕闲着，显示一些内容让其他人看

二、判断题

1. 鼠标左键单击要改名的文件夹名，选择"文件"菜单的"重命名"，在原文件名处键入新名，按 Enter 键，即可修改文件夹名。(　　)

2. 当一个应用程序窗口被最小化后，该应用程序将停止运行。(　　)

3. Windows 7 的"任务栏"上存放的是当前窗口的图标。(　　)

4. 文本文件的扩展名是.doc。(　　)

5. 用鼠标右键单击"任务栏"空白处,在弹出的快捷菜单中选择"属性"项，在弹出的对话框中可以进行显示器的设置。(　　)

6. Windows 7 中，选择带省略号的菜单项能弹出对话框。(　　)

7. 选择多个不连续的文件，可以按住 Ctrl 键，再用鼠标左键依次单击各个文件。(　　)

8. Windows 7 可同时运行多个应用程序。(　　)

9. 启动 Windows 7 系统后出现在"桌面"上的图标因各个计算机配置的硬件不同而不同。(　　)

10. Windows 7 的任务栏只能处于屏幕底部。(　　)

11. Ctrl 键必须和 Alt 键一起再与其他键配合使用。(　　)

12. 组合键 Ctrl+S 可以实现对文档的保存。(　　)

13. 单击文件菜单中的退出命令操作将关闭窗口。(　　)

14. 在查找名称框内输入"A"？表示要查找以"A"字母开头的所有文件。(　　)

15. 在 Windows 7 中，"剪贴板"是内存中的一块区域。(　　)

16. Windows 7 是多任务多用户的操作系统。(　　)

17. 在 Windows 7 中，对话框的窗口大小不能改变。(　　)

18. Media Player 是 Windows 7 自带的多媒体软件工具。(　　)

19. 快捷方式包含了指向对象本身的内容。(　　)

20. 在 Windows 7 的文件和文件夹说法中，在不同文件夹中可以有两个同名文件。(　　)

第 3 章
文字处理软件 Word 基础

实验 3.1　Word 2010 的基本操作

实验目的

（1）掌握 Word 2010 的启动与退出方法。
（2）熟悉 Word 2010 窗口界面的基本组成。
（3）掌握 Word 2010 文档的建立、保存与打开。
（4）掌握文本的录入方法。
（5）掌握文档的不同显示方式。

实验内容

1．熟悉 Word 2010 的窗口组成

启动 Word 2010 后，了解 Word 的窗口组成，包括标题栏、快速访问工具栏、"文件"选项卡、功能区、编辑窗口等几部分。

2．建立与保存文档

录入以下内容，将文档保存在 D 盘根目录下，文档名为 test1.docx，然后将文档关闭。

液晶显示器，或称 LCD（Liquid Crystal Display），为平面超薄的显示设备，它由一定数量的彩色或黑白像素组成，放置于光源或者反射面前方。液晶显示器功耗很低，因此备受工程师青睐，适用于使用电池的电子设备。它的主要原理是以电流刺激液晶分子产生点、线、面配合背部灯管构成画面。

与传统的 CRT（Cathode Ray Tube）相比，LCD 不但体积小，厚度薄，重量轻、耗能少、工作电压低且无辐射，无闪烁并能直接与 CMOS 集成电路匹配。

1973 年声宝公司首次将 LCD 运用于制作电子计算器的数字显示。LCD 是笔记本电脑和掌上计算机的主要显示设备，在投影机中，它也扮演着非常重要的角色，而且它开始逐渐渗入到桌面显示器市场中。

3．文档的打开与保护

打开文档 test1.docx，为文档设置密码"key123"。

4．文档的显示

分别以页面视图、阅读版式视图、Web 版式视图、大纲视图和草稿的视图方式显示文档。

5．退出 Word 2010

使用五种方法退出 Word 2010。

实验步骤

1. 熟悉 Word 2010 的界面

（1）使用"开始"菜单启动 Word 2010。选择"开始"→"所有程序"→"Microsoft Office"→"Microsoft Office Word 2010"命令，单击后即可启动 Word 2010。

（2）观察 Word 的窗口，熟悉界面，了解 Word 的窗口组成，包括标题栏、快速访问工具栏、"文件"选项卡、功能区、编辑窗口等几部分。如图 3.1 所示。

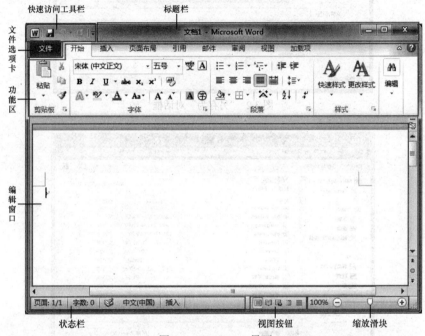

图 3.1　Word 2010 界面

（3）单击快速访问工具栏右侧的"自定义快速访问工具栏"按钮，向快速访问工具栏添加一些其他常用的命令。

（4）熟悉功能区，了解开始、插入、页面布局、引用、邮件、审阅、视图和加载项八个默认的选项卡中包括的内容。

2. 输入文本，保存文档

（1）利用熟悉的输入法，在空白文档中先输入要求的文字内容。注意，输入法之间的切换，用 Ctrl+Shift 组合键在英文和各种中文输入法之间进行切换，用 Ctrl+Space 组合键快速切换中英文输入法。

（2）单击快速访问工具栏上的"保存"按钮或单击"文件"选项卡→"保存"命令，打开"另存为"对话框，如图 3.2 所示。

（3）在"另存为"对话框中选择 D 盘，文件名文本框中输入文件名 test1，保存类型为"Word 文档"，单击"保存"按钮。

（4）单击"文件"选项卡→"关闭"命令，将文档 test1.docx 关闭。

3. 打开文档，设置密码

（1）单击快速访问工具栏中的"打开"按钮或单击"文件"选项卡→"打开"命令，出现"打开"对话框，如图 3.3 所示。

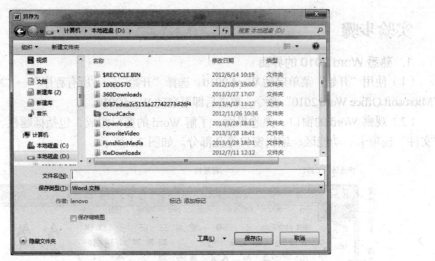

图 3.2 "另存为"对话框

图 3.3 "打开"对话框

（2）在"打开"对话框中，从左侧选择 D 盘，在列表框中找到文档 test1.docx，单击"打开"按钮。

（3）选择"文件"选项卡→"信息"命令，在右侧的面板选择"保护文档"中的"用密码进行加密"选项，出现"加密文档"对话框，如图 3.4 所示。

（4）在"加密文档"对话框中输入密码"key123"，单击"确定"按钮，出现"确认密码"对话框。

（5）在"确认密码"对话框中，将刚刚输入的密码"key123"再重新输入一次，以进行密码的确认。

（6）将文档 test1.docx 保存，关闭。再重新打开时，出现"密码"对话框，如图 3.5 所示，输入密码，如果密码错误，将无法打开，如果密码正确，将打开文档 test1.docx。

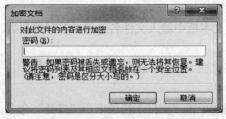

图 3.4 "加密文档"对话框

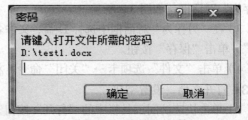

图 3.5 "密码"对话框

4. 使用不同的视图方式显示文档

（1）打开文档 test1.docx。

（2）单击"视图"选项卡，在"文档视图"组中可以看到五种视图模式，分别为页面视图、阅读版式视图、Web 版式视图、大纲视图和草稿视图，如图 3.6 所示。单击各视图按钮，观察各自的显示效果。

图 3.6　"文档视图"组

5. 退出 Word 2010

使用下面五种方法退出 Word 2010。

（1）单击"文件"选项卡→"退出"命令。

（2）单击窗口右上角的"关闭"按钮 ✕。

（3）双击窗口左上角的 Word 图标 w。

（4）单击 Word 图标 w，在弹出的快捷菜单中选择"关闭"命令。

（5）使用组合键 Alt+F4。

实验 3.2　编辑文档

实验目的

（1）熟练掌握文本内容的选定。

（2）熟练掌握文本编辑过程中的插入、删除、修改、移动、复制、粘贴等操作。

（3）掌握文本的查找与替换操作。

实验内容

1. 文本的选定

打开文档 test1.docx，练习选择一段文字、一个词语、一个句子、一行、几行、一个段落、几个段落、大片连续区域、全部文档、矩形文本。

2. 文本的插入、修改与删除

打开文档 test1.docx，完成以下操作。

（1）在第一段的上面插入标题"液晶显示器"。

（2）将第二段中的"与传统的 CRT（Cathode Ray Tube）相比"改为"与传统的 CRT（Cathode Ray Tube 阴极射线管）相比"。

（3）删除"它的主要原理是以电流刺激液晶分子产生点、线、面配合背部灯管构成画面。"这句话，再将该句恢复。

3. 文本的移动、复制操作

打开文档 test1.docx，完成以下操作。

（1）将"它的主要原理是以电流刺激液晶分子产生点、线、面配合背部灯管构成画面。"移到文档末尾。

（2）将第二段复制一份放到第三段的后面。

4．文本的查找与替换操作

打开文档 test1.docx，完成以下操作。

（1）在文档中查找所有的"LCD"。

（2）将文档中所有的"LCD"全部改为"液晶显示器"。

实验步骤

1．文本的选定

打开文档 test1.docx，按以下步骤操作。

（1）选定一段文字。将插入点定位到要选择文本的开始位置，按下鼠标左键不放，将鼠标光标拖到要选择文本的结束位置，再松开鼠标左键。

（2）选定一个词语。用鼠标双击该词语。

（3）选择一个句子。按住 Ctrl 键，单击需要选取的语句。

（4）选择一行。将鼠标移到一行的左边空白处，鼠标指针形状为指向右上角的空心箭头，单击鼠标左键。

（5）选择几行。将鼠标移到一行的左边空白处，鼠标指针形状为指向右上角的空心箭头，按下鼠标左键不放，拖动鼠标。

（6）选择一个段落。将鼠标移到段落的左侧空白处，双击鼠标左键，则整个段落被选择；或者将鼠标移到要选择的段落中任意字符处连续三次单击左键，则光标所在的段落被选择。

（7）选择几个段落。将鼠标移到段落的左侧空白处，按下鼠标左键沿垂直方向拖动，则经过的若干个段落被选择。

（8）选择大片连续区域。单击欲选内容的开始位置，找到欲选内容的结束位置，按住 Shift 键并单击此处。

（9）选定全部文档。将鼠标移到段落的左侧空白处连续单击鼠标左键三下，或按组合键 Ctrl+A。

（10）选定矩形文本。将鼠标移到要选定文本的开始位置处，按住 Alt 键，再拖动鼠标到结束位置处即可选取一段矩形形状的文本。

2．文本的插入、修改与删除

（1）将插入点移到第一段的段首处，按 Enter 键，在第一段前插入一空行，将插入点上移一行，然后输入标题"液晶显示器"。

（2）将插入点移到第二段第一句"CRT（Cathode Ray Tube）"的后面，输入"阴极射线管"。

（3）选定文档中的"它的主要原理是以电流刺激液晶分子产生点、线、面配合背部灯管构成画面。"这句，单击"开始"选项卡→"剪贴板"组→"剪切"按钮 ，或按 Delete 键可以删除文本，单击快速访问工具栏上的"撤销"按钮 ，可恢复被删去的内容。

3．文本的移动、复制操作

（1）选定"它的主要原理是以电流刺激液晶分子产生点、线、面配合背部灯管构成画面。"这句，单击"开始"选项卡→"剪贴板"组→"剪切"按钮 ，或按 Ctrl+X 组合键。

（2）按 Ctrl+End 组合键，将插入点定位到文档的末尾。单击"开始"选项卡→"剪贴板"组→"粘贴"按钮 ，或按 Ctrl+V 组合键，完成移动。

（3）选定第二段，单击"开始"选项卡→"剪贴板"组→"复制"按钮 📋，或按 Ctrl+C 组合键。

（4）将插入点定位到第三段的末尾，按 Enter 键，单击"开始"选项卡→"剪贴板"组→"粘贴"按钮 📋，或按 Ctrl+V 组合键，完成复制。

4. 文本的查找与替换操作

（1）单击"开始"选项卡→"编辑"组→"查找"按钮 🔍，或按 Ctrl+F 组合键，打开"导航"窗格。

（2）在"导航"窗格搜索编辑框中输入"LCD"，单击 🔍 按钮。导航窗格将显示所有包含"LCD"的页面片段，同时"LCD"会在正文部分全部以黄色底纹标识。

（3）单击"开始"选项卡→"编辑"组→"替换"按钮 ⬇，或按 Ctrl+H 组合键，打开"查找和替换"对话框，如图 3.7 所示。

图 3.7 "查找和替换"对话框

（4）单击"替换"选项卡，在"查找内容"文本框中输入"LCD"。

（5）在"替换为"文本框中输入"液晶显示器"。

（6）单击"全部替换"按钮，完成替换。

实验 3.3 格式化文档

实验目的

（1）掌握字符格式的设置方法。

（2）掌握段落格式的设置方法。

（3）掌握项目符号和编号的设置方法。

（4）掌握首字下沉的设置方法。

（5）掌握格式刷和样式的使用方法。

实验内容

录入下列文字，将其保存到 D 盘根目录下，文档名为"phone1.docx"。

> 智能手机
>
> 智能手机（Smartphone），是指"像个人电脑一样，具有独立的操作系统，可以由用户自行安装软件、游戏等第三方服务商提供的程序，并可以通过移动通信网络来实现无线网络接入的这样一类手机的总称"。
>
> 智能手机的特点如下：
>
> 具备无线接入互联网的能力。即需要支持 GSM 网络下的 GPRS 或者 CDMA 网络的 CDMA1X 或 3G 网络，甚至 4G。

具有 PDA 的功能。包括个人信息管理、日程记事、任务安排、多媒体应用、浏览网页。

具有开放性的操作系统。拥有独立的核心处理器和内存，可以安装更多的应用程序，使智能手机的功能可以得到无限扩展。

人性化，可以根据个人需要扩展机器功能。根据个人需要，实时扩展机器内置功能，以及软件升级，智能识别软件兼容性，实现了软件市场同步的人性化功能。

功能强大，扩展性能强，第三方软件支持多。

1. 智能电话功能

对 phone1.docx 进行以下格式设置。

（1）字符格式的设置

将标题"智能手机"设置为宋体二号字、加粗、居中，字体颜色为标准色深蓝；将标题以下的正文设置为宋体小四号。

（2）段落格式的设置

将标题的段前段后间距设置为 1 行；正文第二段"智能手机的特点如下："设置为 1.5 倍行距，首行缩进 2 个字符；将正文第三段至第七段设置为单倍行距，左缩进 4 个字符，并加红色边框，黄色底纹。

（3）项目符号和编号的设置

为正文第三段至第七段添加默认的项目符号，然后将项目符号改成菱形项目符号。

（4）首字下沉的设置

将正文第一段设置"首字下沉"，其中字体为"隶书"，下沉行数为 2 行。

（5）格式刷的使用

将正文第三段的第一句"具备无线接入互联网的能力。"设置为黑体，四号字，颜色为标准色红色；使用格式刷，为第四段至第七段的第一句话设置同第三段第一句相同的格式。

（6）样式的应用

将标题"智能手机"设置为"标题 1"样式；小标题"1、智能电话功能"设置为"标题 2"样式。并将文档以文件名 phone2.docx 保存在桌面上。

实验步骤

1. 字符格式的设置

（1）将标题"智能手机"选中后，右侧就会显示一个微型、半透明的浮动工具栏，如图 3.8 所示，单击"字体"框右边的三角形，在下拉列表中选择"宋体"。

图 3.8 浮动工具栏

（2）单击"字号"框右边的三角形，在下拉列表中选择"二号"，单击加粗按钮**B**、居中按钮 ≡ 。

（3）单击颜色按钮 **A** 右边的三角形，从中选择颜色标准色"深蓝"。

（4）选中标题以下的正文部分，在浮动工具栏中，单击"字体"框右边的三角形，在下拉列表中选择"宋体"，单击"字号"框右边的三角形，在下拉列表中选择"小四号"。

除了利用浮动工具栏以外，还可以利用"开始"选项卡"字体"组的按钮进行设置。

2. 段落格式的设置

（1）将光标定位在标题所在的段中，打开"开始"选项卡，单击"段落"组右下角的对话框启动器按钮，打开"段落"对话框。如图 3.9 所示，在"缩进和间距"选项卡的"间距"选项组中，有"段前"和"段后"两个微调框，都调整为 1 行，单击"确定"按钮。

图 3.9 "段落"对话框

（2）将光标定位在正文第二段，同样打开"段落"对话框。在"间距"选项组右侧的"行距"下拉列表框中，选择"1.5 倍行距"，在"缩进"选项组中，"特殊格式"下拉列表框中选择"首行缩进"，磅值为"2 字符"，单击"确定"按钮。

（3）将正文第三段至第七段选中，打开"段落"对话框，在"间距"选项组右侧的"行距"下拉列表框中，选择"单倍行距"，在"缩进"选项组中，"左侧"编辑框设置左缩进为"4 字符"，单击"确定"按钮。

（4）保持正文第三段至第七段选中的状态，单击"开始"选项卡→"段落"组→"下框线"按钮 右侧的三角形，弹出下拉菜单，选择"边框和底纹"命令，打开"边框和底纹"对话框，如图 3.10 所示。

图 3.10 "边框和底纹"对话框

（5）在"边框"选项卡中，从"设置"选项组选择"方框"，从"颜色"下拉列表框中选择边框线的颜色为标准色红色。

（6）打开"底纹"选项卡，在"填充"下拉列表框中选择底纹的颜色为标准色黄色，单击"确定"按钮。

3. 项目符号和编号的设置

（1）将正文第三段至第七段选中，单击"开始"选项卡→"段落"组→"项目符号"按钮 。

（2）单击"项目符号"按钮右侧的三角形，在项目符号库中选择菱形。

4. 首字下沉的设置

（1）将光标定位在正文第一段，选择"插入"选项卡→"文本"组→"首字下沉"按钮 ，单击下方的三角形，选择"首字下沉选项…"，打开"首字下沉"对话框，如图 3.11 所示。

（2）在"位置"中选择"下沉"，在选项中设置字体为"隶书"，下沉的行数为"2"，单击"确定"按钮。

5. 格式刷的使用

（1）将"具备无线接入互联网的能力。"选中，在浮动工具栏中设置字体为"黑体"，字号为"四号"，字体颜色为标准色"红色"。

（2）将"具备无线接入互联网的能力。"保持选中的状态，单击"开始"选项卡→"剪贴板"组→格式刷按钮 ，此时鼠标指针变为刷子形状。

（3）依次在第四段至第七段的第一句话上拖动鼠标，全部完毕后，再次单击"格式刷"按钮 或按 Esc 键，结束格式刷的使用。

6. 样式的应用

（1）将标题"智能手机"选中，在"开始"选项卡→"样式"组中选择"标题 1"样式。如图 3.12 所示。

图 3.11　"首字下沉"对话框　　　　图 3.12　"样式"组

（2）将小标题"1、智能电话功能"选中，在"开始"选项卡→"样式"组中选择"标题 2"样式。

（3）单击"文件"选项卡→"另存为"命令，在"另存为"对话框内选择存储的位置"桌面"，文档名为"phone2.docx"，单击"保存"按钮。

最终效果如图 3.13 所示。

·智能手机·

智能手机（Smartphone），是指"像个人电脑一样，具有独立的操作系统，可以由用户自行安装软件、游戏等第三方服务商提供的程序，并可以通过移动通讯网络来实现无线网络接入的这样一类手机的总称"。

智能手机的特点如下：

◆ 具备无线接入互联网的能力。即需要支持 GSM 网络下的 GPRS 或者 CDMA 网络的 CDMA1X 或 3G 网络，甚至 4G。

◆ 具有 PDA 的功能。包括人信息管理、日程记事、任务安排、多媒体应用、浏览网页。

◆ 具有开放性的操作系统。拥有独立的核心处理器和内存，可以安装更多的应用程序，使智能手机的功能可以得到无限扩展。

◆ 人性化，可以根据个人需要扩展机器功能。根据个人需要，实时扩展机器内置功能，以及软件升级，智能识别软件兼容性，实现了软件市场同步的人性化功能。

◆ 功能强大，扩展性能强，第三方软件支持多。

·1. 智能电话功能·

图 3.13　最终效果

习题 3

一、选择题

1. 在 Word 的编辑状态中，使插入点快速移动到文档尾的操作是（　　）。
   A. PageUp　　　　　　B. Alt+End　　　　　　C. Ctrl+End　　　　　　D. PageDown

2. 在 Word 中，（　　）用于控制文档内容在屏幕上显示的大小。
   A. 全屏显示　　　　　B. 显示比例　　　　　C. 缩放显示　　　　　D. 页面显示

3. 在 Word 编辑状态下，单击"开始"选项卡上的（　　）按钮，可将文档中所选中的文本移到"剪贴板"上。
   A. 复制　　　　　　　B. 删除　　　　　　　C. 粘贴　　　　　　　D. 剪切

4. 将字符串"Excel"替换为"excel"，只有当选定（　　）时才能实现。
   A. 区分大小写　　　　B. 区分全半角　　　　C. 全字匹配　　　　　D. 模式匹配

5. 打开一个已有的文档进行编辑修改后，（　　）既可以保留编辑修改前的文档，又可以得到修改后的文档。
   A. 用"文件"选项卡中的"保存"命令
   B. 用"文件"选项卡中的"全部保存"命令
   C. 用"文件"选项卡中的"另存为"命令
   D. 用"文件"选项卡中的"关闭"命令

6. 保存 Word 文档的快捷键是（　　）。
   A. Ctrl+O　　　　　　B. Ctrl+S　　　　　　C. Ctrl+N　　　　　　D. Ctrl+C

7. 在 Word 中，打开文档 ABC.docx，修改后另存为 ABD.docx，则文档 ABC.docx（　　）。
   A. 被文档 ABD 覆盖　　　　　　　　　　　B. 被修改未关闭
   C. 被修改并关闭　　　　　　　　　　　　D. 未修改被关闭

8. 在 Word 编辑状态下，如要调整段落的左右边界，用（　　）方法最为直观、快捷。
   A. 格式栏　　　　　　　　　　　　　　　B. 格式菜单
   C. 拖动标尺上的缩进标记　　　　　　　　D. 常用工具栏

9. 在 Word 编辑文档时，每个段落结束处有一个段落标记，它是通过(　　)得到的。
   A. 按空格键　　　　　B. 按回车键　　　　　C. 按 End 键　　　　　D. 输入句号

10. 在 Word 中，如果对当前编辑的文本进行了修改，没有存盘就选择了关闭命令，则(　　)。
    A. Word 会显示出错信息，并拒绝执行命令，回到编辑状态
    B. Word 会弹出对话框，提醒用户保存对文件所做的修改，然后关闭文本
    C. Word 会自动为用户将当前编辑的文件存盘
    D. Word 会执行命令关闭编辑的文本，而对当前编辑的文本的最新改动将会丢失

11. Word 2010 文档的扩展名为（　　）。
    A. .txt　　　　　　　B. .docx　　　　　　C. .doc　　　　　　　D. .wod

12. 在 Word 的编辑状态，执行编辑命令"粘贴"后(　　)。
    A. 将文档中被选择的内容复制到当前插入点处
    B. 将文档中被选择的内容移到剪贴板
    C. 将剪贴板中的内容移到当前插入点处
    D. 将剪贴板中的内容复制到当前插入点处

13. 在 Word 2010 的编辑状态下，若要调整光标所在段落的行距，首先进行的操作是(　　)。
    A. 打开"开始"选项卡　　　　　　　　　B. 打开"插入"选项卡
    C. 打开"页面布局"选项卡　　　　　　　D. 打开"视图"选项卡

14. 以只读方式打开 Word 文档，做了某些修改后，要保存时，应使用"文件"选项卡的(　　)。
    A. 保存　　　　　　B. 全部保存　　　　　C. 另存为　　　　　　　D. 关闭

15. 在 Word 2010 中，当前已打开一个文件，若想打开另一文件，(　　)。
    A. 首先关闭原来的文件，才能打开新文件
    B. 打开新文件时，系统会自动关闭原文件
    C. 两个文件同时打开
    D. 新文件的内容将会加入原来打开的文件

16. 在 Word 的编辑状态下，打开了一个文档，进行"保存"操作后，该文档(　　)。
    A. 被保存在原文件夹下
    B. 可以保存在已有的其他文件夹下
    C. 可以保存在新建文件夹下
    D. 保存后文档被关闭

17. 在 Word 2010 编辑状态下，要统计文档的字数，需要使用的选项卡是(　　)。
    A. 开始　　　　　　B. 插入　　　　　　C. 页面布局　　　　　　D. 审阅

18. Word 文档中，选定文本块后，如果（　　）拖曳鼠标到需要处可实现文本块的复制。
    A. 按住 Ctrl 键　　　　　　　　　　　B. 按住 Shift 键
    C. 按住 Alt 键　　　　　　　　　　　D. 无须按键

19. 在 Word 2010 中，可以更改段落的对齐方式，其中效果上差别不大的是（　　）。
    A. 左对齐和右对齐　　　　　　　　　　B. 左对齐和分散对齐
    C. 左对齐和两端对齐　　　　　　　　　D. 两端对齐和分散对齐

20. 在 Word 2010 中要选择矩形区域文本，应该（　　）。
    A. 先按下 Alt 键，再用鼠标拖选　　　　B. 先按下 Ctrl 键，再用鼠标拖选
    C. 先按下 Shift 键，再用鼠标拖选　　　D. 先按下 Space 键，再用鼠标拖选

21. 按（　　）键之后，可删除光标位置前一个字符。
    A. Insert　　　　　　B. Alt　　　　　　C. Backspace　　　　　D. Delete

22. 在 Word 的编辑状态下，文档中有一行被选择，当按 Del 键后(　　)。
    A. 删除了被选择的一行
    B. 删除了被选择的一行所在的段落
    C. 删除了被选择行及其之后的所有内容
    D. 删除了被选择行及其之前的所有内容

23. 在 Word 状态下，利用（　　）可快速直接调整文档的左右边界。
    A. 段落组　　　　　B. 页面设置组　　　　C. 显示组　　　　　　D. 标尺

24. 在 Word 中，使用（　　）组中的"边框和底纹"按钮，可为文字或段落加上边框线和底纹。
    A. 样式　　　　　　B. 段落　　　　　　C. 剪贴板　　　　　　　D. 编辑

25. 如果在"查找"对话框中没有选择全字匹配选项，Word 将同时查找（　　）。
    A. new 和 knew　　　B. there 和 their　　　C. can 和 could　　　D. sew 和 su

26. 要把插入点光标快速移到 Word 文档的头部，应按组合键（　　）。
    A. Ctrl+PageUp　　　　　　　　　　　B. Ctrl+↑
    C. Ctrl+Home　　　　　　　　　　　　D. Ctrl+End

27. 在 Word 文档正文中，段落对齐方式有左对齐 、右对齐、居中对齐、（　　　）和分散对齐。

    A. 上下对齐　　　　　B. 前后对齐　　　　　C. 两端对齐　　　　　D. 内外对齐

28. 在 Word 的编辑状态中，文档窗口显示出水平标尺，则当前的视图方式为（　　　）。

    A. 草稿视图或页面视图　　　　　　　　B. 页面视图或大纲视图

    C. 阅读版式视图　　　　　　　　　　　D. Web 版式视图和大纲视图

29. 在 Word 的编辑状态中，当前编辑的文档是 C 盘中的 d1.doc，要将该文档保存到 D 盘，应当使用（　　　）。

    A. "文件"选项卡中的"另存为"命令

    B. "文件"选项卡中的"保存"命令

    C. "文件"选项卡中的"新建"命令

    D. "文件"选项卡中的"打开"命令

30. 在 Word 的文档中，选定文档某行内容后，使用鼠标拖动方法将其移动时，配合的键盘操作是(　　　)。

    A. 按住 Esc 键　　　B. 按住 Ctrl 键　　　C. 按住 Alt 键　　　D. 不做操作

31. 在 Word 中，要打开某个文档，使用的组合键为（　　　）。

    A. O 键　　　　　　　B. Ctrl+O 键　　　　C. Alt+O 键　　　　　D. Shift+O 键

32. 在 Word 中，单击"视图"选项卡→"窗口"组中的（　　　）按钮，可将已打开的窗口全部显示在屏幕上。

    A. 新建窗口　　　　　B. 拆分　　　　　　C. 全部重排　　　　　D. 文档文件名

33. 要插入键盘上没有的字符和符号，可选择（　　　）组中的"符号"按钮，从中选择符号。

    A. 编辑　　　　　　　B. 插入　　　　　　C. 符号　　　　　　　D. 段落

34. 在 Word 的编辑状态中，粘贴操作的组合键是(　　　)。

    A. Ctrl+A　　　　　　B. Ctrl+C　　　　　　C. Ctrl+V　　　　　　D. Ctrl+X

35. 在 Word 中，当多个文档打开时，关于保存这些文档的说法中正确的是(　　　)。

    A. 用"文件"选项卡中的"保存"命令，只能保存活动文档

    B. 用"文件"选项卡中的"保存"命令，可以重命名保存所有文档

    C. 用"文件"选项卡中的"保存"命令，可一次性保存所有打开的文档

    D. 用"文件"选项卡中的"全部保存"命令保存所有打开的文档

36. 如果要将 Word 文档中选定的文本复制到其他文档中，首先要(　　　)。

    A. 单击"剪贴板"组中的"删除"命令

    B. 单击"剪贴板"组中的"剪切"命令

    C. 单击"剪贴板"组中的"复制"命令

    D. 单击"剪贴板"组中的"移动"命令

37. 打开文档是指(　　　)。

    A. 为文档开设一个空白编辑区

    B. 把文档内容从内存读出，并显示出来

    C. 把文档文件从盘上读入内存，并显示出来

    D. 显示并打印文档内容

38. Word 常用工具栏中的"格式刷"按钮可用于复制文本或段落的格式，若要将选中的文本或段落格式重复应用多次，应该(　　　)。

    A. 单击"格式刷"按钮　　　　　　　　B. 双击"格式刷"按钮

    C. 右击"格式刷"按钮　　　　　　　　D. 拖动"格式刷"按钮

39. 在 Word 的编辑状态下，选择了一个段落并将段落的"首行缩进"设置为 1cm，则（   ）。
    A. 该段落的首行起始位置距页面的左边距 1cm
    B. 文档中各段落的首行只由"首行缩进"确定位置
    C. 该段落的首行起始位置距段落的"左缩进"位置的右边 1cm
    D. 该段落的首行起始位置在段落"左缩进"位置的左边 1cm

40. Word 中去掉已经排版的格式可以使用（   ）功能完成。
    A. 主题   B. 字体   C. 清除格式   D. 存为网页

41. Word 中的文字加宽使用的是（   ）功能。
    A. 字符缩放   B. 调整宽度   C. 增大字体   D. 增大字号

42. Word 对齐方式属于（   ）设置。
    A. 字体   B. 段落   C. 分栏   D. 中文版式

43. 段前与段后设置属于（   ）设置。
    A. 字体   B. 段落   C. 分栏   D. 中文版式

44. Word 文档中段落居中对齐的快捷键是（   ）。
    A. Ctrl+L   B. Ctrl+E   C. Ctrl+J   D. Ctrl+R

45. Word 文档中段落首行空两个字符可通过（   ）进行设置。
    A. 首行缩进   B. 悬挂缩进   C. 右缩进   D. 左缩进

46. 在 Word 文档中通过（   ）功能可以快速查找指定文字。
    A. 选择   B. 查找   C. 书签   D. 替换

47. Word 删除文档中所有多余的空格，可以通过（   ）来实现。
    A. 替换   B. 查找   C. 选择   D. 定位

48. 在 Word 文档中通过设置（   ）可以快速定位到文档某一位置。
    A. 选择   B. 查找   C. 书签   D. 替换

49. 下列关于 Word 对象选定操作的描述，叙述不正确的是（   ）。
    A. 将光标置于要选取的文字前，按下鼠标向后拖曳，可选定拖曳的文字
    B. 按住键盘中的 Ctrl 键，在一句中的任意位置单击鼠标，可选定该句
    C. 将鼠标移动到该行左侧，直到鼠标变成一个指向右边的箭头，然后单击，可以选定一行
    D. 鼠标左键双击文本选定区可以选定一个句子

50. 按住 Shift 键，再按一下（   ）键，将选定从光标所在处到本行行首的所有字符。
    A. Ctrl   B. 向左方向键   C. Tab   D. Home

51. 在 Word 的编辑状态打开一个文档，并对其做了修改，进行"关闭"文档操作后（   ）。
    A. 文档将被关闭，但修改后的内容不能保存
    B. 文档不能被关闭，并提示出错
    C. 文档将被关闭，并自动保存修改后的内容
    D. 将弹出对话框，并询问是否保存对文档的修改

52. 启动 Word 后，系统为新文档的命名应该是（   ）。
    A. 系统自动以用户输入的前 8 个字命名
    B. 自动命名为".Doc"
    C. 自动命名为"文档 1"或"文档 2"或"文档 3"
    D. 没有文件名

53. 在 Word 编辑状态下，当前输入的文字显示在（   ）。
    A. 当前行尾部   B. 插入点   C 文件尾部   D. 鼠标光标处

54. 在 Word 的编辑状态下，执行两次"剪切"操作后，则剪贴板中（　　）。
    A. 有两次被剪切的内容　　　　　　　　　B. 仅有第二次被剪切的内容
    C. 仅有第一次被剪切的内容　　　　　　　D. 无内容

55. 在 Word 的编辑状态，▆▆ 按钮表示的含义是（　　）。
    A. 居中对齐　　　　B. 右对齐　　　　C. 左对齐　　　　D. 分散对齐

56. 在 Word 中，当光标位于文档中某处，输入字符，通常有两种工作状态是（　　）。
    A. 插入与改写　　　B. 插入与移动　　　C. 改写与复制　　　D. 复制与移动

57. 下列关于"保存"与"另存为"命令的叙述中，正确的是（　　）。
    A. 在 Word 保存的任何文档，都不能用写字板打开
    B. 保存新文档时，"保存"与"另存为"的作用是相同的
    C. 保存旧文档时，"保存"与"另存为"的作用是相同的
    D. "保存"命令只能保存新文档，"另存为"命令只能保存旧文档

58. 如果要使 Word 2010 编辑的文档可以用 Word 2003 打开，下列说法正确的是（　　）。
    A. 另存为"Word 97-2003 文档"
    B. 另存为"Word 文档"
    C. 将文档直接保存即可
    D. 用 Word 2010 编辑保存的文件不可以用 Word 2003 打开

59. 下列操作中，不能实现对文档保存的操作是（　　）。
    A. 保存　　　　　B. 另存为　　　　　C. 新建　　　　　D. 组合键 CTRL+S

60. 在 Word 中查找和替换文字时，若操作错误则（　　）。
    A. 可用"撤销"来恢复　　　　　　　　　B. 必须手工恢复
    C. 无可挽回　　　　　　　　　　　　　D. 有时可恢复，有时就无可挽回

61. 关于 Word 文档编辑中，下列叙述正确的是（　　）。
    A. 文档中的硬分页符不能删除
    B. 文档中的硬分页符会随文本内容的增减而变动
    C. 文档中软分页符会自动调整
    D. 文档中的软分页符可以删除

62. 在 Word 窗口中，当鼠标指针位于（　　）时，指针变成向右上方的箭头形状。
    A. 文本编辑区　　　　　　　　　　　　B. 文本区左边的选定区
    C. 文本区上面的标尺区　　　　　　　　D. 文本区中插入的图片或图文框中

63. 在 Word 中，不能设置的文字格式为（　　）。
    A. 字符缩放　　　B. 加下划线　　　　C. 立体字　　　D. 文字倾斜与加粗

64. 下列关于 Word 格式刷的描述中，叙述正确的是（　　）。
    A. 格式刷只能复制 1 次
    B. 只要选择了格式刷，就能将格式复制无数次
    C. 双击格式刷，就能复制一次格式
    D. 格式刷既可以复制一次格式，也可以复制多次格式

65. 在 Word 中要想在屏幕上看到文档在打印机上打印出来的结果，编辑时应采用（　　）方式。
    A. 草稿　　　B. Web 版式视图　　　C. 大纲视图　　　D. 页面视图

66. 关于 Word 文档窗口的说法，正确的是（　　）。
    A. 只能打开一个文档
    B. 可以同时打开多个文档窗口，被打开的窗口都是活动的

C. 可以同时打开多个文档窗口，只有一个是活动窗口

D. 可以同时打开多个文档窗口，只有一个窗口是可见文档窗口

67. 在 Word 的"剪贴板"组中的"剪切"和"复制"按钮呈浅灰色不能被选择，则表示（　　　）。

　　A. 选定的内容是页眉或页脚

　　B. 选定的文档内容太长，剪贴板放不下

　　C. 剪贴板已满，没有空间了

　　D. 在文档中没有选定信息

68. 一般使用（　　　）键，来启动或关闭中文输入法。

　　A. Ctrl+Space　　　　B. Ctrl+Shift　　　　C. Ctrl+Alt　　　　D. Alt+Shift

69. 下列（　　　）不属于 Word 文档视图。

　　A. 草稿视图　　　　B. 浏览视图　　　　C. 大纲视图　　　　D. 页面视图

70. 下列（　　　）不属于 Word 2010 的退出方法。

　　A. 单击"文件"选项卡中的"退出"命令

　　B. 单击"文件"选项卡中的"关闭"命令

　　C. 按 Alt+F4 组合键

　　D. 双击左上角的控制图标

71. 关于 Word 的文本选定，下列说法不正确的是（　　　）。

　　A. 按 Ctrl+A 可选定整个文档

　　B. 按 Shift 键可选定大块文本

　　C. 按 Alt 可以纵向选定一矩形文本

　　D. 按 Tab 键可选定不连续的行

72. 在 Word 的编辑状态，选择四号字后，按新设置的字号显示的文字是（　　　）。

　　A. 插入点所在的段落中的文字　　　　　　B. 文档中被"选择"的文字

　　C. 插入点所在行中的文字　　　　　　　　D. 文档的全部文字

73. 在 Word 的编辑状态，单击文档窗口的最小化按钮后（　　　）。

　　A. 变成图标按钮出现在状态栏中　　　　　B. 窗口缩小一半

　　C. 窗口被关闭　　　　　　　　　　　　　D. 窗口充满整个屏幕

74. 在 Word 的编辑状态，仅有一个窗口编辑文档 wd.docx，单击"窗口"组中的"新建窗口"按钮后（　　　）。

　　A. wd.docx 文档有两个窗口，当前窗口是新窗口

　　B. wd.docx 文档的旧窗口被关闭，仅在新窗口中编辑

　　C. wd.docx 文档只能在一个窗口进行编辑，不能打开新窗口

　　D. wd.docx 有两个窗口，当前窗口是旧窗口

75. 在 Word 的编辑状态，仅有一个窗口编辑文档 wd.docx，单击"窗口"组中的"拆分"命令后（　　　）。

　　A. 又为 wd.docx 文档打开了一个新窗口

　　B. wd.docx 文档的旧窗口被关闭，打开了一个新窗口

　　C. wd.docx 仍是一个窗口，但窗口被分成上下两部分，仅上部分显示该文档

　　D. wd.docx 文档仍是一个窗口，但窗口被分成上下两部分，两部分分别显示该文档

76. 在 Word 的编辑状态，共有四个窗口被打开，标题栏中显示（　　　）。

　　A. 一个窗口名称　　　　　　　　　　　　B. 两个窗口名称

　　C. 三个窗口名称　　　　　　　　　　　　D. 四个窗口名称

77. 删除一个段落标记后，前后两段文字将合并成一个段落，原段落内容所采用的编排格式是（　　　）。

　　A. 删除前的标记确定的格式　　　　　　　B. 后一段落的格式

　　C. 格式没有变化　　　　　　　　　　　　D. 与后一段段落格式无关

78. 在 Word 中，下列哪个操作不会出现"另存为"对话框？（　　　）。

　　A. 新建文档第一次保存　　　　　　　　　B. 打开已有文档修改后保存

　　C. 建立文档副本，以其他名字保存　　　　D. 将 Word 文档保存成其他文件格式

79. 在 Word 文档编辑中，输入文字时可以使用（　　　）键实现文字的"插入"和"改写"方式的替换。

　　A. Delete　　　　　　　　B. Insert　　　　　　　　C. End　　　　　　　　D. 鼠标左键

80. 在 Word 编辑状态中，"查找"操作的快捷键是（　　　）。

　　A. Ctrl+C　　　　　　　　B. Ctrl+V　　　　　　　　C. Ctrl+F　　　　　　　　D. Ctrl+H

81. 当一个文档窗口被关闭后，该文档将被（　　　）。

　　A. 保存在外存中　　　　　　　　　　　　B. 保存在剪贴板中

　　C. 保存在内存中　　　　　　　　　　　　D. 既保存在外存也保存在内存中

82. 在 Word 中，有关"样式"命令，以下说法中正确的是（　　　）。

　　A. "样式"命令只适用于纯英文文档

　　B. "样式"命令在"开始"选项卡中

　　C. "样式"命令在"插入"选项卡中

　　D. "样式"命令只适用于文字，不适用于段落

83. 撤销最后一个动作，除了使用按钮以外，还可以使用快捷键（　　　）。

　　A. Shift+X　　　　　　　　B. Shift+Y　　　　　　　　C. Ctrl+W　　　　　　　　D. Ctrl+Z

84. 在 Word 中，有关标尺中"左缩进标记"和"悬挂缩进标记"的说法，正确的一项为（　　　）。

　　A. "左缩进标记"对光标所在的段的首行不起作用

　　B. "悬挂缩进标记"对光标所在的段的首行起作用

　　C. "左缩进标记"对光标所在的各行起作用

　　D. "悬挂缩进标记"对光标所在的段中的各行起作用

85. 在 Word 中，默认的对齐方式是（　　　）。

　　A. 右边对齐　　　　　　　　B. 两端对齐　　　　　　　　C. 居中对齐　　　　　　　　D. 左边对齐

86. 在 Word 的编辑状态下，光标在文档中，没有对文档进行任何选取，设置 2 倍行距后，结果将是（　　　）。

　　A. 全部文档没有任何改变

　　B. 全部文档按 2 倍行距格式化

　　C. 光标所在段落按 2 倍行距格式化

　　D. 光标所在行按 2 倍行距格式化

87. 在 Word 文档中要创建项目符号时，则（　　　）。

　　A. 可以任意创建项目符号

　　B. 以段为单位创建项目符号

　　C. 以节为单位创建项目符号

　　D. 以选中的文本为单位创建项目符号

88. 在 Word 中用"新建"按钮打开一个新的文档窗口，若标题栏中显示"文档 1"，那么"文档 1"表示该文档的（　　　）文件名。

A. 正式　　　　　　B. 新的　　　　　　C. 旧的　　　　　　D. 临时

89. 关于 Word 查找操作的错误说法是(　　)。

A. 可以从插入点当前位置开始向上查找

B. 无论什么情况下，查找操作都是在整个文档范围内进行

C. Word 可以查找带格式的文本内容

D. Word 可以查找一些特殊的格式符号，如分页线等

90. 要选定一个段落，以下（　　）操作是错误的。

A. 将插入点定位于该段落的任何位置，然后按 Ctrl+A 快捷键

B. 鼠标指针拖过整个段落

C. 将鼠标指针移到该段落左侧的选定区双击

D. 将鼠标指针在选定区纵向拖动，经过该段落的所有行

91. 在 Word 中,如果使用了项目符号或编号,则项目符号或编号在(　　)时会自动出现。

A. 每次按回车键　　　　　　　　　　B. 一行文字输入完毕并回车

C. 按 Tab 键　　　　　　　　　　　　D. 文字输入超过一行

92. 在 Word 中，如果要调整文档中的行间距，可使用"开始"选项卡下的（　　）组中的按钮。

A. 字体　　　　　　B. 段落　　　　　　C. 制表位　　　　　　D. 样式

93. 在 Word 中，下列不属于文字格式的是（　　）。

A. 字体　　　　　　B. 字形　　　　　　C. 分栏　　　　　　D. 字号

94. 在 Word 中，如果要在文档中选定的位置添加另一个 DOCX 文件的全部内容，可使用"插入"选项卡中的（　　）命令。

A. 数字　　　　　　　　　　　　　　B. 图文框

C. 对象　　　　　　　　　　　　　　D. "对象"下拉菜单中的"文件中的文字"

95. 在 Word 中，下列关于模板的说法中正确的是（　　）。

A. 模板的扩展名是.txt

B. 模板不可以创建

C. 模板是一种特殊文档，它决定着文档的基本结构和样式，作为其他同类文档的模型

D. 在 Word 中，文档都不是以模板为基础的

96. 在 Word 中，关于设置保护密码的说法正确的一项是（　　）。

A. 在设置保护密码后，每次打开该文档时都要输入密码

B. 在设置保护密码后，每次打开该文档时都不要输入密码

C. 设置保护密码后，执行"文件"菜单的"保存"命令

D. 保护密码是不可以取消的

97. 对于一段两端对齐的文字，只选其中的几个字符，用鼠标单击"居中"按钮，则（　　）。

A. 整个文档变为居中格式

B. 只有被选中的文字变为居中格式

C. 整个段落变为居中格式

D. 格式不变，操作无效

98. 以下有关 Word 中"项目符号"的说法错误的是(　　)。

A. 符号可以改变

B. 项目符号只能是阿拉伯数字

C. 项目符号可增强文档的可读性

　　D. $,@都可定义为项目符号

99. 关于样式和格式的说法正确的是（　　）。

　　A. 样式是格式的集合

　　B. 格式是样式的集合

　　C. 格式和样式没有关系

　　D. 格式中有几个样式，样式中也有几个格式

100. 要设置行距小于标准的单倍行距，需要选择（　　），再输入磅值。

　　A. 2 倍行距　　　　　　　　B. 单倍行距　　　　　　　　C. 固定值　　　　　　　　D. 最小值

二、判断题

1. Word 2010 中对于选定的文本可以使用"剪贴板"组中的"剪切"按钮进行删除。（　　）

2. Word 2010 中选择"文件"选项卡中"新建"命令后，出现了多种可选的模板。（　　）

3. Word 2010 中快速访问工具栏的位置可以调整。（　　）

4. 同时按 Ctrl 和 Home 键可使插入点回到当前文档开头。（　　）

5. 按 Home 键可以使插入点回到当前行的行首。（　　）

6. 更改行距是在"字体"对话框中完成的。（　　）

7. 如果编辑的文件是新建的文件，则不管是执行"文件"选项卡中的"保存"命令或是"另存为"命令，都会出现"另存为"对话框。（　　）

8. Word 文档内移动文本块除了使用鼠标方式外，还可以用快捷键方式。（　　）

9. 若想执行强行分页，需单击"插入"选项卡→"页眉和页脚"组→"页码"按钮。（　　）

10. 如果拖动"首行缩进"标记可以控制插入点所在段落第一个字的起始位置。（　　）

11. 在 Word 中选定整个文档在选定段落中单击三次鼠标左键。（　　）

12. 在 Word 中选定一个段落，在选定段落中双击鼠标左键。（　　）

13. 要删除一段 Word 文档，可以采用剪切的方式。（　　）

14. 在 Word 文档中，使用红色的波浪下划线表示可能有拼写错误。（　　）

15. 在页面视图中可以看到页眉页脚。（　　）

16. 在 Word 中用户可以调整视图的显示比例，相应的打印出来的文档也会改变。（　　）

17. 在 Word 中打印预览方式下不能编辑文本。（　　）

18. 在 Word 中字号最大的是初号。（　　）

19. 在 Word 中可以使用 Ctrl+]组合键来逐磅增大字号。（　　）

20. 样式是多个格式编排命令的集合。（　　）

21. 在 Word 中可以统计文档的字数和行数。（　　）

22. Word 有自动换行的功能。（　　）

23. 软回车用来换行，按 Shift+Enter 组合键。（　　）

24. 在 Word 中要插入人工换行符可以使用 Ctrl+Enter 组合键来完成。（　　）

25. 文档若要进行"替换"操作，可以使用组合键 Ctrl+H。（　　）

26. "左缩进标记"对光标所在的段的首行不起作用。（　　）

27. 普通视图不是 Word 的文档视图。（　　）

28. 在 Word 中，可以同时打开多个文档，但只有一个文档窗口是当前活动窗口。（　　）

29. 在 Word 窗口中可以显示或隐藏标尺。（　　）

30. 在 Word 中只能创建扩展名为".docx"的文档。（　　）

31. 段落缩进包括首行缩进、反向缩进和悬挂缩进。（　　）

32. 页眉页脚中可以加入图像。（   ）

33. 一个文档创建的样式不可以应用到其他文档。（   ）

34. 所有视图方式下页码均为可见。（   ）

35. 在不同的状态下，打开快捷菜单时的内容也有所不同。（   ）

36. 在文字的输入过程中按一次 Enter 键，则输入一个段落结束符。（   ）

37. 在 Word 中，为了将光标快速定位于文档开头处，可用 Ctrl+PageUp 组合键。（   ）

38. 通过单击鼠标右键打开的快捷菜单没有改变文本的字体、段落等格式的功能。（   ）

39. 格式刷既能复制字体格式又能复制段落格式。（   ）

40. 单倍行距是行距的最小值。（   ）

第 **4** 章
文字处理软件 **Word 2010** 高级应用

实验 4.1　Word 2010 表格操作

实验目的

（1）熟练掌握表格的制作，包括手工制表和自动制表。
（2）熟练掌握表格的内容编辑。
（3）熟练表格的格式化。

实验内容

（1）绘制一张 6 行 4 列的表格，如图 4.1 所示。以文档名 w41.docx 保存在 D:\Word 文件夹中。

姓名	性别	出生年月	婚姻状况
文化程度	专业	英语水平	
学习工作经历			
起始日期	终止日期	所在单位	从事何种工作
业务专长			
联系电话		邮政编码	

图 4.1　示例表格

（2）表格内的项目安排及填写与图 4.1 一致。
（3）给表格加上"个人简历表"的标题，并设置为黑体小三号字、居中；表内文字为宋体四号字、居中显示。
（4）表格外框线采用 3 磅点划线，其他采用 1 磅实线。
（5）在"性别"列前插入一空白列。
（6）将第一列列宽设置成 3.6 厘米，绿色 25%的底纹。
（7）合并"学习工作经历"单元格右侧的单元格，并将本行高度设为 4 厘米。
（8）拆分表格中"婚姻状况"单元格为两列。

实验步骤

1. 创建表格
方法一：　快速插入简单表格（使用鼠标创建表格）

（1）单击"快速访问"工具栏上的"表格"按钮▦，或选择"插入"→"表格"，然后将光标移至网格上，直到突出显示合适数目的行和列。

（2）将鼠标指针指向网格，向右下方拖动鼠标，鼠标指针掠过的单元格将被选中。同时在网格顶部提示栏中显示选定表格的行数和列数，达到 6 行 4 列后释放鼠标即可。如图 4.2 所示。

方法二：利用插入表格对话框创建表格

（1）选择"插入"→"表格"→"插入表格"。

（2）设置行和列的精确数目，如图 4.3 所示。

图 4.2 "插入表格"网格

图 4.3 "插入表格"对话框

2. 文本输入

用鼠标单击设置输入点，输入完成后可用下列方法之一进入下一个单元格，按要求输入内容。

（1）按 Tab 键。

（2）用鼠标单击。

（3）用键盘上的光标键。

3. 行、列的插入

（1）选中"性别"列。

（2）单击"布局"→"行和列"→"在左侧插入"或右键单击选择"插入"→"在左侧插入"，插入一空白列。

4. 行高与列宽

（1）选中"学习工作经历"所在行。

（2）选择"表格工具"→"布局"→"单元格大小"→"表格行高"，将其设置为 4。

（3）选中第一列，进入（2）中界面，调整表格列宽为 3.6。如图 4.4 所示。

图 4.4 表格行列设置

5．单元格操作

（1）选中"学习工作经历"右侧的四个单元格。

（2）选择"表格工具"→"布局"→"合并"→"合并单元格"，或右键打开快捷选项卡，单击"合并单元格"命令。

（3）选中表格中"婚姻状况"单元格。

（4）进入（2）中界面，选中"合并"→"拆分单元格"，或右键打开快捷选项卡，单击"拆分单元格"命令，在弹出的"拆分单元格"对话框中，指定拆分的行数为1、列数为2，单击"确定"按钮即可，如图4.5所示。

图 4.5　"拆分单元格"对话框

6．表格美化

（1）拖动表格下移，空出标题行位置，输入"个人简历表"。

（2）选中标题"个人简历表"，在"开始"→"字体"中设置字体为"黑体"，字号为"小三号"字，在"段落"组中选择"居中"显示。

（3）用"表格选定器"选中整个表格，同（2）中设置方法，设置表格内文本为宋体四号字、居中。

（4）使用"表格工具"→"布局"→"表"→"属性"，打开"表格属性"对话框进行设置，或者在"表格工具"→"设计"→"表格样式"中选择相应命令来设置，如图4.6所示，或者在"绘图边框"中都可对表格的边框和底纹进行设置，还可以右键单击表格，在快捷选项卡中选择"边框和底纹"命令。

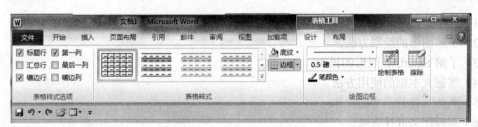

图 4.6　表格边框的设置

（5）选中表格中的第一列，操作方法同（4），进行底纹的设置，进入"边框和底纹"对话框，选择"底纹"→"填充"→"绿色"，"图案"→"样式"→"25%"，如图4.7所示。

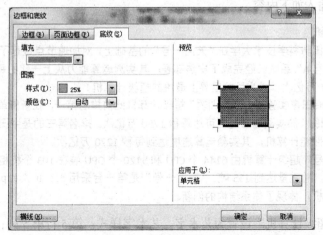

图 4.7　表格底纹的设置

实验效果如图 4.8 所示。

个人简历表

姓名		性别	出生年月	婚姻状况	
文化程度		专业	英语水平		
学习工作经历					
起始日期		终止日期	所在单位	从事何种工作	
业余专长					
联系电话			邮政编码		

图 4.8　实验效果图 1

实验 4.2　Word 2010 图文混排

实验目的

（1）熟练掌握图片的插入及其格式的设置。

（2）了解图形的绘制方法。

（3）了解 SmartArt 图形的操作。

（4）掌握文本框的使用方法。

（5）熟练掌握艺术字的操作。

（6）掌握图文混排方法。

实验内容

在 D:\Word 文件夹中新建 w42.docx 文件，并完成如下操作。

（1）在文档中输入如下内容。

超级计算机↵

2010 年，国防科学技术大学在“天河一号”的基础上，对加速节点进行了扩充与升级，新的“天河一号 A”系统已经完成了安装部署，其实测运算能力从上一代的每秒 563.1 万亿次倍增至 2507 万亿次，成为目前世界上最快的超级计算机！↵

美国橡树岭国家实验室的“美洲豹”超级计算机此前排名第一，在新榜单中，其排名下滑一位。“美洲豹”的实测运算速度可达每秒 1750 万亿次。排名第三的是中国曙光公司研制的“星云”高性能计算机，其实测运算速度达到每秒 1270 万亿次。↵

“天河一号”超级计算机由 6144 个 CPU 和 5120 个 GPU 装在 103 个机柜组成，占地面积近千平方米，总重量达到 155 吨。“天河一号”是第一台采用ｃｐｕ／ｇｐｕ混合异构系统的超级计算机，体现了体系结构的创新。↵

（2）将标题“超级计算机”设置为艺术字。艺术字样式：第 5 行第 5 列；字体：楷体；艺术字转换：弯曲—槽型；发光：第 2 行第 5 列，发光透明度设置为 80%；文字环绕：上下型；加边框：线型为复合型由细到粗，宽度 2.25，橙色，样式 10，不规则状。

（3）在第二段前插入一个宽度 2.1 厘米、高度 4.4 厘米的文本框；内容为"美洲豹"，背景任选图片，文本方向垂直，四周型环绕。

（4）在第三段中插入一个"闪电形"，形状样式选择最后 1 行第 3 列，形状效果为"棱台"→"柔圆"，紧密型文字环绕。

（5）利用 SmartArt 图形工具对本文进行总结；图形为"关系"中的"聚合射线"；更改颜色为"彩色"→"强调文字颜色"；样式为"优雅"。

实验步骤

1. 设置艺术字

（1）选中标题"超级计算机"。

（2）在功能区中选择"插入"→"文本"→"艺术字"，在其下拉菜单中选择第 5 行第 5 列的艺术字样式，如图 4.9 所示。

（3）在功能区中选择"格式"→"艺术字样式"→"文本效果"→"转换"→"弯曲"，选项中选择第 7 行第 2 列的形状，如图 4.10 所示。

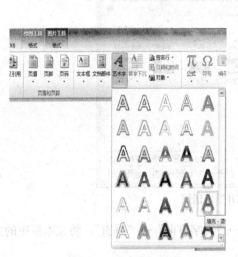

图 4.9 "艺术字"样式

图 4.10 "艺术字"转换

（4）在功能区中选择"格式"→"艺术字样式"→"文本效果"→"发光"命令，在其下拉菜单中选择第 2 行第 5 列，再选择其下的"发光选项"，打开"设置文本效果格式"对话框，将发光透明度设置为 80%，如图 4.11 所示。

2. 文本框的插入

（1）在功能区中选择"插入"→"插图"→"形状"→"基本形状"，在其中选择文本框。

（2）在第二段前适当位置按住鼠标左键并拖动鼠标，绘制出文本框。

（3）选择"绘图工具"→"格式"→"大小"，在输入框中分别输入 4.4、2.1，并将其拖动到合适位置。

（4）输入文本"美洲豹"。

图 4.11 "艺术字"发光设置

3. 文本框的编辑

（1）选中刚创建的文本框，选择"绘图工具"→"格式"→"形状样式"→"形状填充"→"图片"。

（2）在打开的"插入图片"对话框中，任选一张图片作为背景，如图 4.12 所示。

图 4.12 "插入图片"对话框

（3）单击"绘图工具"→"格式"→"文本"→"文字方向"→"垂直"。将文本框中的文字方向设置为垂直方向。

4. 形状的插入

（1）在功能区中选择"插入"→"插图"→"形状"→"基本形状"→"闪电形"。

（2）在合适位置按住鼠标左键并拖动鼠标，绘制出形状。

5. 形状的编辑

（1）选中标题"超级计算机"，在功能区中选择"格式"→"形状样式"→"样式"→"选择其他主题填充"，在其下拉菜单中选择第 3 行第 2 列样式 10。

（2）在以上组中选择"形状轮廓"→"粗细"→"其他线条"，打开"设置形状格式"对话框，将其中的宽度设为 2.25，复合类型设为第 4 个"由细到粗"。

（3）在以上组中选择"形状轮廓"→"标准"→"橙色"。

（4）在功能区中选择"格式"→"插入形状"→"编辑形状"→"编辑顶点"，边框四周出现四个控制点，拖动控制点加以调整。

（5）选中以上插入的"闪电形"，选择"格式"→"形状样式"→"样式"→"强烈效果-红色，强调颜色 2"，再选择"形状效果"→"棱台"→"柔圆"。

6. 插入对象的文字环绕设置

（1）选中标题"超级计算机"，在功能区中选择"格式"→"排列"→"自动换行"→"上下型环绕"。

（2）选中文本框，在其上的选项中选择"四周型环绕"。

（3）选中形状"闪电形"，在其上的选项中选择"紧密型环绕"。

7. SmartArt 图形操作

（1）在文档下方选择 SmartArt 图形的插入点。

（2）在功能区中选择"插入"→"插图"→"SmartArt 图形"命令，在打开的"选择 SmartArt 图形"对话框中，选择图形为"关系"→"聚合射线"，如图 4.13 所示。

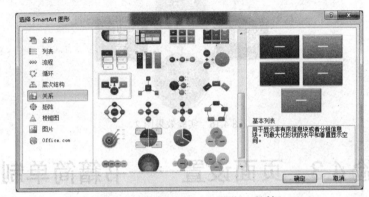

图 4.13　"选择 SmartArt 图形"对话框

（3）选择"SmartArt 图形工具"→"设计"→"创建图形"→"文本窗格"，在打开的"文本窗格"1 级文本区中输入标题"超级计算机"，2 级文本区中依次输入"美洲豹"、"星云"、"天河一号"，如图 4.14 所示。

（4）选择"SmartArt 图形工具"→"设计"→"SmartArt 样式"→"更改颜色"→"彩色"→"强调文字颜色"，如图 4.15 所示。

图 4.14　文本窗格

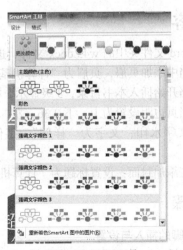

图 4.15　SmartArt 工具

（5）在图 4.15 中"更改颜色"右侧总体外观样式中选择"优雅"。
实验效果如图 4.16 所示。

图 4.16　实验效果图 2

实验 4.3　页面设置——书籍简单制作

实验目的

（1）熟练掌握页眉页脚的插入及设置。
（2）了解目录的设置方法。
（3）掌握页面设置的相关操作。
（4）了解封面的添加与设置。

实验内容

打开 D:\Word 文件夹中的 w43.docx 文件，进行如下操作。
（1）在文档中添加页眉，页眉为"计算机基础"，页脚为居中显示页码。
（2）在文档开始插入本书目录，3 级显示，格式为正式。
（3）将文档页边距设置为上、下 2.36，左、右 3.28；纸张方向为纵向。
（4）添加文字水印：文字为"样例"，字体"华文彩云"，字号"60"，颜色为标准色中
的"橙色"。
（5）为本文添加封面：设置标题为"计算机基础"，并用形状加入主编、副主编。

实验步骤

1. 页眉页脚的插入与设置

（1）单击"插入"→"页眉和页脚"→"页眉"→"编辑页眉"。

（2）文档进入页眉页脚编辑状态，在页眉中输入"计算机基础"。

（3）单击"页眉和页脚工具"→"设计"→"导航"→"转至页脚"。

（4）单击"页眉和页脚"→"页码"→"页面底端"中的第三个选项。

（5）双击文档中非页眉页脚区，退出页眉和页脚的编辑。

2．页面设置

（1）单击"页面布局"→"页面设置"→"页边距"→"自定义边距"。

（2）打开"页面设置"对话框，在"页边距"选项的"上"和"下"中输入 2.36，"左"和"右"中输入 3.28，"纸张方向"选为纵向。

3．目录的插入与设置

（1）将插入点置于文档开始处。

（2）单击"引用"→"目录"→"插入目录"。

（3）打开"目录"对话框，在常规选项的"格式"中选"正式"，"显示级别"设为 3。

（4）点击"确定"完成目录的添加。

4．水印的添加与设置

（1）单击"页面布局"→"页面背景"→"水印"→"自定义水印"。

（2）打开"水印"对话框，选择"文字水印"。

（3）在"文字"下拉选项中选"样例"。

（4）在"字体"下拉选项中选"华文彩云"。在"字号"下拉选项中选"60"。

（5）在"颜色"下拉选项中选标准色中的"橙色"。

5．封面的添加与设置

（1）单击"插入"→"页"→"封面"→"内置"→"网络"。

（2）在"键入文档标题"中的占位符中输入"计算机基础"。

（3）利用"插入"→"形状"，插入一个圆角矩形，并在其中输入主编、副主编。

习题 4

一、选择题

1. 在 Word 2010 中对图片进行多种设置更改后，想要一步取消所有更改操作，可使用（　　）。

    A."格式"→"重设图片"　　　　　　　B. Ctrl+Z

    C."格式"→"删除背景"　　　　　　　D. Del

2. 在 Word 2010 中，将鼠标指针移至与表格某行对应的文本选定区处，单击鼠标左键选定该行后，再右键选中"剪切"命令，则（　　）。

    A. 该行被删除，表格减少一行

    B. 该行被删除，若该行位于表格中部，表格将被拆分成上下两个表格

    C. 仅该行的内容被删除，表格单元变成空白

    D. 整个表格被完全删除

3. 在 Word 2010 的编辑状态中，选择了整个表格，再执行"删除行"命令，则（　　）。

    A. 整个表格被删除　　　　　　　　　B. 表格中一行被删除

    C. 表格中一列被删除　　　　　　　　D. 表格中没有被删除的内容

4. 关于 Word 2010 的文本框，哪些说法是正确的？（　　）。

    A. Word 2010 中提供了横排和竖排两种类型的文本框

B. 在文本框中不可以插入图片

C. 在文本框中不可以使用项目符号

D. 通过改变文本框的文字方向不可以实现横排和竖排的转换

5. Word 2010 中，可以实现选定表格的一行的操作是（　　）。

    A. Alt+Enter   B. Alt+鼠标拖动

    C. "表格"→"选择表格"   D. "表格"→"选择"→"行"

6. Word 2010 中，以下有关创建表格的方法中，错误的是（　　）。

    A. 通过"插入"→"表格"→"插入表格"，然后输入行、列数，单击"确定"

    B. 单击快速工具栏上的"表格"按钮，然后拖动鼠标至需要的行、列释放左键

    C. 通过插图中的"直线"形状来绘制

    D. 通过"插入"→"表格"→"绘制表格"进行绘制

7. 设定打印纸张大小时，应当使用的命令是(　　)。

    A. "文件"→"打印"→"页面设置"

    B. "视图"→"工具栏"

    C. "文件"→"打印预览"

    D. "视图"→"页面"

8. 在 Word 2010 的编辑状态中，删除已经选中的表格，需要使用的选项卡是（　　）。

    A. 插入   B. 视图   C. 开始   D. 布局

9. 需要在 Word 2010 文档中设置页码，应使用的选项卡是（　　）。

    A. 文件   B. 插入   C. 页面布局   D. 引用

10. 在 Word 2010 中，关于表格自动套用格式的用法，以下说法正确的是（　　）。

    A. 只能直接用自动套用格式生成表格

    B. 可在生成新表时使用自动套用格式或插入表格的基础上使用自动套用格式

    C. 每种自动套用的格式已经固定，不能对其进行任何形式的更改

    D. 在套用一种格式后，不能再更改为其他格式

11. 在使用 Word 2010 进行文字编辑时，下面叙述中错误的是（　　）。

    A. Word 2010 可将正编辑的文档另存为一个纯文本（TXT）文件

    B. 使用"文件"→"打开"可以打开一个已存在的 Word 文档

    C. 打印预览时，打印机必须是已经开启的

    D. Word 2010 允许同时打开多个文档

12. 在 Word 2010 中表格的单元格的高度和宽度是（　　）。

    A. 固定不变   B. 仅高度可以改变

    C. 仅宽度可以改变   D. 高度和宽度都可以改变

13. 在 Word 2010 编辑状态下，若要在当前窗口中打开"边框和底纹"对话框，不能实现的操作是（　　）。

    A. 单击"设计"→"绘图边框"组中的展开按钮

    B. 右键单击表格选择"边框和底纹"

    C. 单击"页面布局"→"页面设置"组中的展开按钮

    D. 在"表格属性"对话框中选择"边框和底纹"

14. 在 Word 2010 中，在选定了整个表格之后，若要删除整个表格中的内容，以下哪个操作正确？（　　）。

    A. 单击"表格工具"→"布局"→"删除表格"

  B. 按 Delete 键

  C. 按 Space 键

  D. 按 Esc 键

15. 艺术字对象实际上是（ ）。

  A. 文字对象   B. 图形对象

  C. 链接对象   D. 既是文字对象，也是图形对象

16. Word 2010 中，以下哪种操作可以使在下层的图片移置于上层？（ ）。

  A. "绘图工具"→"旋转"   B. "绘图工具"→"位置"

  C. "绘图工具"→"组合"   D. "绘图工具"→"叠放次序"

17. 如果要在奇偶页中插入不同的页眉/页脚，首先应在( )项中设置奇偶页不同。

  A. "视图"→"页眉和页脚"   B. "插入"→"页眉/页脚"

  C. "页面布局"→"设置页面"   D. "文件"→"选项"

18. 下面关于页眉/页脚的说法，不正确的是( )。

  A. 在文档中所有的页眉/页脚只能设置为相同

  B. 可以对页眉/页脚进行字体格式化的设置

  C. 页眉/页脚是一种文档标志

  D. 可以将文件名称、页码等信息设置为页眉/页脚

19. 下面关于背景的说法，正确的是（ ）。

  A. 每个单元格的背景是作用于每个单元格，而文字处理的背景是只能作用于所选中的文本范围

  B. 单元格的背景是作用于整个工作表，而文字处理的背景是作用于所选中的文本范围

  C. 单元格的背景是作用于整个工作表，而文字处理的背景是作用于文档的每张页面

  D. 每个单元格的背景是作用于每个单元格，而文字处理的背景是可以作用于文档的每张页面

20. 在"打印"对话框中页码范围"4～16，23，40"表示打印的是（ ）。

  A. 第 4 页，第 16 页，第 23 页，第 40 页

  B. 第 4 至 16 页，第 23 至 40 页

  C. 第 4 至 16 页，第 23 页，第 40 页

  D. 以上都不是

21. 在同一文档中进行不同的页面设置，必须用（ ）。

  A. 分节   B. 分栏

  C. 采用不同的显示方式   D. 分页

22. 使图片按比例缩放应选用（ ）。

  A. 拖动图片边框线中间的控制柄   B. 拖动图片四角的控制柄

  C. 拖动图片边框线   D. 拖动图片边框线的控制柄

23. 以下不正确的是（ ）。

  A. 页眉和页脚内容由用户输入

  B. 页眉和页脚可以是页码或文字

  C. 页眉由用户输入，页脚只能是页码

  D. 页眉和页脚是放在每面的顶部和底部的描述性内容

24. 在 Word 2010 中，将鼠标指针移至与表格某行对应的文本选定区外，按下退格键（Backspace 键），则（ ）。

A. 该行被删除，表格行数不变

B. 该行被删除，若该行位于表格中部，表格将被拆分为上下两个表格

C. 该行被删除，表格减少一行

D. 整个表格被完全删除

25. 在 Word 2010 中，页眉和页脚的建立方法相似，都使用（　　）选项卡中"页眉和页脚"组中的命令进行设置。

A. 开始　　　　　　　B. 工具　　　　　C. 插入　　　　　D. 视图

26. 在 Word 2010 表格中，当两个都包含数据的单元格进行单元格合并操作后，（　　）。

A. 两个单元格中的数据都丢失

B. 两个单元格中的数据合并放入合并后的单元格中

C. 只保留左边或者上边单元格中的数据

D. 只保留右边或者下边单元格中的数据

27. 在 Word 2010 中，使用（　　）选项卡中的"插入表格"命令可在文档中插入一张空表。

A. 开始　　　　　　　B. 设计　　　　　C. 插入　　　　　D. 视图

28. 在 Word 2010 中，对插入的图片，可以进行的操作有（　　）。

A. 放大或缩小　　　　　　　　　B. 从矩形边缘裁剪

C. 修改图片的内容　　　　　　　D. 以上都可以

29. 在 Word 2010 中，表格拆分指的是（　　）。

A. 将原来的表格从正中间分为两个表格，其方向由用户指定

B. 将原来的表格从某两行之间分为上、下两个表格

C. 将原来的表格从某两列之间分为左、右两个表格

D. 在表格中，由用户任意指定一个区域，将其单独存为另一个表格

30. 当插入点在表格的最后一行最后一个单元格时，按 Enter 键（　　）。

A. 会产生一新行

B. 将插入点移到新产生行的第一个单元格内

C. 将插入点向左移动

D. 使该单元格高度增加

31. 如果要将艺术字"学习 WORD2010"更改为"学习 WORD 2010"，应如何操作？（　　）。

A. 直接单击艺术字进行编辑

B. 用"艺术字样式"组中的扩展按钮

C. 用艺术字样式

D. 用"格式"选项卡中的"文本"

32. 要在 Word 2010 文档中插入数学公式，可利用（　　）命令。

A. "工具"→"选项"　　　　　　B. "编辑"→"粘贴"

C. "插入"→"符号"　　　　　　D. "文件"→"打开"

33. 下列说法中不正确的是（　　）。

A. 在"页面设置"对话框中选中"版式"标签才可以进行"垂直对齐方式"的设置

B. 在"页面设置"对话框的右边是一个预览框

C. "页面设置"选项位于"文件"选项卡下

D. 页面设置的对象是整个文档

34. 下列有关样式的说法中，正确的是（　　）。

A. 所有的样式都可以随时删除　　B. 可以由用户自定义样式

C. 样式中不包括字符样式　　　　　　D. 样式中不包括段落格式

35. 在打印对话框中，页面范围选项卡中的当前页是指（　　　）。

    A. 当前光标所在页　　　　　　　　　B. 当前窗口显示的页

    C. 第一页　　　　　　　　　　　　　D. 最后一页

36. 在 Word 2010 中表格可以进行（　　　）。

    A. 透视分析　　　　B. 分类汇总　　　　C. 绘制图表　　　　D. 排序

37. 在 Word 2010 的"审阅"选项卡中"字数统计"不能够统计的是（　　　）。

    A. 字数　　　　　　B. 行数　　　　　　C. 页数　　　　　　D. 图片

38. "新建绘图画布"位于（　　　）。

    A. "插入"→"形状"　　　　　　　　　B. "格式插入"→"插入形状"

    C. "格式"→"形状样式"　　　　　　　D. "视图"→"窗口"

39. 在 Word 2010 中，目录的生成必须在文档中各部分设置了（　　　）的基础上完成。

    A. 字形　　　　　　B. 字体　　　　　　C. 字号　　　　　　D. 大纲标题

40. 有关 Word 2010 "审阅"选项卡中的"字数统计"的说法不正确的是（　　　）。

    A. 可以对段落进行统计　　　　　　　B. 可以统计空格

    C. 可以对行数统计　　　　　　　　　D. 无法进行中、英文统计混合

41. 下列关于样式的说法，正确的是（　　　）。

    A. 样式分标题样式、段落样式两种

    B. 样式相当于一系列预置的排版命令，它不仅包括对字符的修饰，还包括对段落的修饰

    C. 对于内置样式和自定义样式都可以删除

    D. 不能将其他文档中的样式复制到当前模板

42. 在 Word 2010 中创建新样式通常为（　　　）类型。

    A. 表格　　　　　　B. 字符或段落　　　C. 图片　　　　　　D. 艺术字

43. 下面哪一项是在 Word 2010 中编辑"艺术字"→"文本效果"中没有的？（　　　）。

    A. 阴影　　　　　　B. 发光　　　　　　C. 棱台　　　　　　D. 柔化边缘

44. 在 Word 2010 "表格工具"→"设计"中没有下面哪一项？（　　　）

    A. 表格样式选项　　　　　　　　　　B. 单元格大小

    C. 绘图边框　　　　　　　　　　　　D. 表格样式

45. 在 Word 2010 中，利用"插入"→"形状"绘制一个矩形，可以为矩形设置的"填充效果"不包括以下哪个选项？（　　　）。

    A. 渐变　　　　　　B. 对比度　　　　　C. 图片　　　　　　D. 纹理

46. 下列关于 Word 2010 样式的描述中，说法正确的是（　　　）。

    A. 样式包含段落、字符、表格、列表、图片 5 种类型

    B. Word 2010 不能新建样式

    C. 段落样式中不包括字体类型和字号、段落对齐、缩进、上下间距等格式

    D. 在"开始"→"样式"组的扩展按钮中，可以新建样式

47. 在 Word 2010 文档中，选中表格中的一个单元格，执行"表格工具"→"布局"→"插入单元格"命令，在弹出的"插入单元格"对话框中，没有的选项是（　　　）。

    A. 活动单元格右移　　　　　　　B. 活动单元格左移

    C. 整行插入　　　　　　　　　　D. 整列插入

48. 在 Word 2010 中，"设置形状格式"对话框中的图片颜色显示不包括下面哪个效果？

    （　　　）。

A. 饱和度   B. 色调   C. 重新着色   D. 腐蚀

49. 在 Word 2010 中，不属于图像与文本混排的环绕类型的是（   ）。

     A. 四周型   B. 穿越型

     C. 上下型   D. 左右型

50. 在 Word 2010 中，下列叙述不正确的是（   ）。

     A. 要生成文档目录，首先为每一级标题使用相应的样式

     B. 生成文档目录，在设置好每级标题的样式后，通过"插入"→"引用"→"目录"实现

     C. "目录"对话框中可以设置不显示页码

     D. "目录"对话框中不能设置制表符前导符

51. Word 2010 中，通过"插入"→"插图"组不能插入（   ）。

     A. 公式   B. 剪贴画   C. SmartArt 图形   D. 形状

52. 在 Word 2010 中，关于编辑页眉页脚的操作，下列叙述不正确的是（   ）。

     A. 文档内容和页眉页脚可在同一窗口编辑

     B. 文档内容和页眉页脚一起打印

     C. 编辑页眉页脚时不能编辑文档内容

     D. 页眉页脚中也可以进行格式设置和插入剪贴画

53. 在 Word 2010 中，以下对表格操作的叙述错误的是（   ）。

     A. 在表格的单元格中，除了可以输入文字、数字，还可以插入图片

     B. 表格的每一行中各单元格的宽度可以不同

     C. 表格的每一行中各单元格的高度可以不同

     D. 表格的表头单元格可以绘制斜线

54. 在 Word 2010 中，"表格属性"对话框中"表格"选项卡中"对齐方式"下没有下面哪一项？（   ）。

     A. 居中   B. 左对齐   C. 右对齐   D. 分散对齐

55. 下面关于页眉和页脚的叙述中，正确的是（   ）。

     A. 页眉和页脚不能被删除

     B. 只要删除页眉和页脚中的内容，就可以将它们删除

     C. 不能对页眉和页脚中的文字设置字体颜色

     D. 不能对页眉和页脚中的文字设置对齐方式

56. 下列叙述中，正确的一条是（   ）。

     A. 页码是页眉/页脚的一部分，它不能用删除文本的方法来删除

     B. 阅读版式视图下可以显示页眉/页脚

     C. 大纲视图下可以显示图形

     D. 页面视图下可以插入图片

57. 如果已经有页眉或页脚，再次进入页眉页脚区时，只需要双击（   ）就行。

     A. 页眉或页脚区   B. 表格选项卡

     C. 格式选项卡   D. 绘图工具栏

58. 下列关于 Word 2010 页码设置的描述，正确的是（   ）。

     A. 一旦设置，不能再改变

     B. 一旦设置，只对光标所在的页生效

     C. 一旦设置，可以修改

     D. 一旦设置，只对光标所在的段落生效

59. 以下选项中，（　　）不能在 Word 2010 的"打印"命令对话框中进行设置。
    A. 打印份数　　　　　　　　　　B. 打印范围
    C. 页码位置　　　　　　　　　　D. 始末页码

60. 在 Word 2010 页面视图中，左右页边距分别是指（　　）左右两边的距离。
    A. 文本区域到显示屏　　　　　　B. 文本区域到纸张
    C. 正文到显示屏　　　　　　　　D. 正文到纸张

61. 在 Word 2010 文本编辑中，页边距由（　　）设置。
    A."工具"→"修订"　　　　　　B."文件"→"页面设置"
    C."格式"→"边框和底纹"　　　D."视图"→"页眉和页脚"

62. 一位同学正在撰写毕业论文，并且要求只用 A4 规格的纸输出，在打印预览中，发现最后
    一页只有一行，她想把这行提到上一页，最好的办法是（　　）。
    A. 改变纸张大小　　　　　　　　B. 增大页边距
    C. 减小页边距　　　　　　　　　D. 把页面方向改为横向

63. 在 Word 2010 操作中，在"页面设置"窗口中能做的设置是（　　）。
    A. 保存文档　　B. 删除文档　　　C. 纸张类型　　　D. 文字颜色

64. 在 Word 2010 中，使用（　　）选项卡中的"页面设置"命令可进行纸张大小及页边距
    的设置及调整操作。
    A. 文件　　　　　B. 审阅　　　　　C. 格式　　　　　D. 工具

65. Word 2010 中对文档进行打印预览，可执行的操作是（　　）。
    A. 新建　　　　　　　　　　　　B. 保存
    C."视图"→"显示比例"　　　　D."文件"→"打印"

66. 在 Word 2010 编辑一个文档后，要想知道其打印效果，可使用（　　）。
    A. 打印预览　　B. 模拟打印　　　C. 打印设置　　　D. 屏幕打印

67. 在 Word 2010 操作中，"打印预览"和实际打印的版面效果（　　）。
    A. 完全相同　　　　　　　　　　B. 完全不同
    C. 部分相同　　　　　　　　　　D. 绝大部分相同

68. 在 Word 2010 中，在打印文档对话框中，下面哪个说法正确？（　　）。
    A. 只能打印所有页　　　　　　　B. 不能只打印奇数页
    C. 只能逐份打印　　　　　　　　D. 可以打印当前页

69. Word 2010 表格由若干行、若干列组成，行和列交叉的地方称为（　　）。
    A. 表格　　　　　B. 单元格　　　　C. 交叉点　　　　D. 功表格

70. 下列关于"Word 2010 表格线"的叙述，正确的是（　　）。
    A. 表格线只能自动产生，不能手工绘制
    B. 表格线可以手工绘制，但线的粗细不能改变
    C. 表格线可以手工绘制，但线的颜色不能改变
    D. 表格线可以手工绘制，而且线的粗细和颜色均能改变

71. Word 2010 表格的列的个数最多为（　　）。
    A. 60　　　　　　B. 61　　　　　　C. 62　　　　　　D. 63

72. 可以通过"布局"选项卡中的（　　）组来插入或删除行、列和单元格。
    A. 单元格大小　　　　　　　　　B. 数据
    C. 表　　　　　　　　　　　　　D. 行和列

73. 合并单元格的正确操作是（　　）。

A. 选中要合并的单元格，按 Space 键

B. 选中要合并的单元格，按 Enter 键

C. 选中要合并的单元格，选择"设计"→"合并单元格"

D. 选中要合并的单元格，选择"布局"→"合并单元格"

74. 在 Word 2010 中，选定表格的某一列，再从"开始"选项卡中选"文本"组中"清除格式"，结果是（　　　）。

A. 删除该列

B. 删除该列各单元格中的设置的格式

C. 删除该列第一个单元格中的内容

D. 删除插入点单元格中的内容

75. 在 Word 2010 的编辑状态下，设置了由多个行和列组成的表格，如果选中一个单元格，再按 Del 键，则（　　　）。

A. 删除该单元格所在的行

B. 删除该单元格，右方单元格左移

C. 删除该单元格的内容

D. 删除该单元格，下方单元格上移

76. 在 Word 2010 中单击"布局"→"选择"→"选择行"，再单击"布局"→"选择"→"选择列"命令，则表格中被"选择"的部分是（　　　）。

A. 插入点所在的行　　　　　　　　B. 插入点所在的列

C. 一个单元格　　　　　　　　　　D. 整个表格

77. 改变单元格背景的颜色，可使用（　　　）。

A. "设计"→"底纹"命令

B. "布局"→"表格属性"命令

C. "开始"→"字体"命令

D. "开始"→"样式"命令

78. 在 Word 2010 文档中插入表格后，表格中单元格的（　　　）。

A. 高度和宽度都可以改变　　　　　B. 高度不能改变

C. 宽度不能改变　　　　　　　　　D. 高度和宽度都不能改变

79. 要将一张大表格拆分成两张表格的正确操作是（　　　）。

A. 单击"视图"→"拆分"命令

B. 在表格中选定拆分点，单击"布局"→"拆分单元格"命令

C. 将插入点移到表格外部，单击"布局"→"拆分表格"命令

D. 在表格中选定拆分点，单击"布局"→"拆分表格"命令

80. 在表格中用（　　　）可使插入点移至前一单元格。

A. Shift+Tab　　　　B. Tab　　　　C. Ctrl+Home　　　D. Backspace

81. 如果在 Word 2010 的文字中插入图片，那么图片只能放在文字的（　　　）。

A. 左边　　　　　B. 中间　　　　C. 下边　　　　D. 以上三者均可

82. 在 Word 2010 操作中，文档中插入图片后，图片的高度和宽度（　　　）。

A. 可以改变

B. 宽度不可以改变，高度可以改变

C. 固定不变

D. 宽度可以改变，高度不可以改变

83. 在 Word 2010 文档中插入图片后，可以进行的操作是（　　）。
    A. 删除　　　　　　　B. 剪裁　　　　　　　C. 缩放　　　　　　　D. 以上均可

84. 调整图片的大小可以用鼠标拖动图片四周任一控制点来实现，但只有拖动（　　）的控制点才能使图片等比例缩放。
    A. 四角　　　　　　　B. 中心　　　　　　　C. 上面　　　　　　　D. 下面

85. 在 Word 2010 中，下列对象中不能直接在其中添加文字的是（　　）。
    A. 图片
    B. 使用 SmartArt 工具创建的图形
    C. 文本框
    D. 使用"插入"→"形状"→"矩形"绘制的矩形图形

86. 在 Word 2010 图形编辑状态下，鼠标左键单击"椭圆"按钮后，按下（　　）键的同时拖动鼠标，可以画出圆形。
    A. Ctrl　　　　　　　B. Shift　　　　　　　C. Alt　　　　　　　D. Ctrl+Alt

87. Word 2010 中选定一个图形时，图形周围显示一个带有（　　）个控点的虚线框。
    A. 9　　　　　　　　　B. 4　　　　　　　　　C. 8　　　　　　　　　D. 6

88. 在 Word 2010 中，有关艺术字的说法错误的是（　　）。
    A. 艺术字也是一种对象
    B. 可以给艺术字设置阴影和三维效果
    C. 艺术字的内容一经确定不能修改
    D. 可以对艺术字进行旋转

89. 在 Word 2010 编辑状态下，插入文本框应使用的是（　　）。
    A. 插入　　　　　　　B. 页面布局　　　　　　C. 视图　　　　　　　D. 审阅

90. 在 Word 2010 编辑状态下，选中表格后，可以删除表格的方法是（　　）。
    A. 按 Del 键　　　　　　　　　　　　　B. 右键选择"删除表格"
    C. 使用"设计"→"删除"　　　　　　　　D. 使用"开始"→"清除"

91. 在 Word 2010 中，用 SmartArt 工具创建的图形（　　）。
    A. 可以更改颜色　　　　　　　　　　　B. 不能更改图形的布局
    C. 不能更改样式　　　　　　　　　　　D. 只能整体设置效果

92. 在 Word 2010 中，不能设置成图片填充效果的是（　　）。
    A. 艺术字　　　　　　　　　　　　　　B. 形状
    C. SmartArt 图形中的艺术字　　　　　　D. SmartArt 图形中的形状

93. 下列有关图片裁剪的说法，错误的是（　　）。
    A. 可以按任意比例　　　　　　　　　　B. 可以裁剪成多种形状
    C. 只能在四周操作　　　　　　　　　　D. 可以拖动裁剪边框进行裁剪

二、判断题

1. 默认状态下，Word 2010 会选择横向为页面方向，并以 A4 纸张打印文档。（　　）

2. 若要在文档中插入多张图片，可以直接从图片所在的文件夹窗口中同时选中多个图片文件，然后拖放到 Word 2010 的应用文档中。（　　）

3. 用 Word 2010 插入的表格不能进行排序功能。（　　）

4. 可以通过编辑环绕顶点来调整图文环绕的文本区域。（　　）

5. 两个单元格合并后，仍然是两个单元格，只是去掉了表格线而已。（　　）

6. 打印预览窗口只能显示文档的打印效果，不能进行文档的编辑操作。（　　）

7. Word 2010 表格中可以再插入表格。（   　　）

8. 在 Word 2010 中，当插入点位于表格的最后一个单元格时，按 Tab 键会自动增加空表行。（   　　）

9. 在 Word 2010 中，为表格填写数据时，按 Tab 键，插入点将移动到左边的单元格内。（   　　）

10. 在 Word 2010 中，表格是由多个单元格组成，单元格中只能填充文字。（   　　）

11. 在使用 Word 2010 的"形状"可以绘出矩形、直线、椭圆等多种形状的图形。（   　　）

12. 在 Word 2010 中，图片周围不能环绕文字，只能单独在文档中占据几行位置。（   　　）

13. 在 Word 2010 中，页边距是文字与纸张边界之间的距离，分为上、下、左、右四类。（   　　）

14. 在 Word 2010 中页面视图与打印效果一样。（   　　）

15. 在 Word 2010 中可以对表格进行格式设置。（   　　）

16. 在 Word 2010 中"打印"对话框内不可以进行双面打印设置。（   　　）

17. Word 2010 文档中的图片，在大纲视图下看不到。（   　　）

18. 在 Word 2010 表格中，不能改变表格线的粗细。（   　　）

19. 在 Word 2010 中，一个表格的大小不能超过一页。（   　　）

20. 在 Word 2010 文档中，可以插入并编辑 Excel 工作表。（   　　）

21. 在 Word 2010 中，"格式刷"可以复制艺术文字式样。（   　　）

22. 在 Word 2010 中，文档的首页可以不设页码。（   　　）

23. Word 2010 中规定，文档的纸张大小统一为 A4 纸的大小，不能随意更改。（   　　）

24. 在 Word 2010 的"页面设置"对话框中，可以设置每页的行数以及每行的字符数。（   　　）

25. 在 Word 2010 中，对插入的图片不能删除其背景。（   　　）

26. 在 Word 2010 中，艺术字可以放到文档的任意位置。（   　　）

27. 执行"插入"菜单中的相应命令，不能把图形插入 Word 2010 文档中。（   　　）

28. 文本框有横排文本框和竖排文本框。（   　　）

第5章
电子表格软件 Excel 基础

实验 5.1 建立与管理工作簿

实验目的

（1）掌握工作簿文件的建立和打开。
（2）掌握工作簿文件的保存和关闭。

实验内容

（1）启动 Excel 2010，熟悉 Excel 2010 窗口的组成。
（2）新建一个空白工作簿文件，以文件名"实验 511.xlsx"保存到 D 盘，然后关闭该工作簿窗口。
（3）打开所建立的"实验 511.xlsx"，另存为可以在 Excel 2003 系统中打开和编辑的文件，以文件名"实验 512.xls"保存到 D 盘。
（4）根据"样本模板"中的"个人月预算"模板新建一个工作簿文件，以文件名"我的月预算.xlsx"保存到 D 盘，再退出 Excel 2010 系统。

实验步骤

1. 两种启动方法
（1）选择"开始"→"所有程序"→"Microsoft Office"→"Microsoft Excel 2010"命令。
（2）在桌面上找到 Excel 2010 快捷图标，双击该图标。
2. 启动 Excel 2010，系统自动创建了一个默认名为"工作簿 1"的空白工作簿，选择"文件"选项卡中的"保存"命令，弹出"另存为"对话框，如图 5.1 所示，位置选择"D 盘"，文件名输入"实验 511"，单击"保存"即可。然后选择"文件"选项卡中的"关闭"命令，关闭当前工作簿。
3. 选择"文件"选项卡中的"打开"命令，弹出"打开"对话框，选择"实验 511.xlsx"，单击"打开"按钮。选择"文件"选项卡中的"另存为"命令，弹出"另存为"对话框，在如图 5.1 所示的对话框中，位置选择"D 盘"，文件名输入"实验 512"，保存类型选择"Excel97-2003 工作簿"，单击"保存"即可。

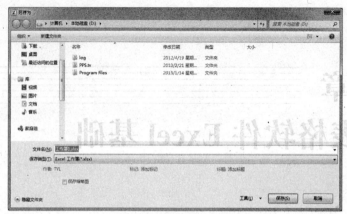

图 5.1 "另存为"对话框

4. 选择"文件"选项卡中的"新建"选项，在"可用模板"中的"样本模板"中双击"个人月预算"，新建了一个工作簿文件，如图 5.2 所示。用前面讲的方法以"我的月预算"为文件名保存工作簿。然后选择"文件"选项卡中的"退出"命令，或单击窗口右上角的"关闭"按钮。

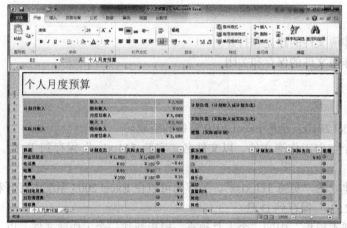

图 5.2 "个人月预算"工作簿

实验 5.2 建立与管理工作表

实验目的

（1）掌握工作表的选取和切换。
（2）掌握工作表的插入和删除。
（3）掌握工作表的复制、移动和重命名。

实验内容

（1）在 D 盘新建一个名为"实验 521"的工作簿文件，在 sheet2 工作表之前插入一个新工作表，名称为"学生"，在所有工作表的最后插入一个新工作表，名称为"成绩"。
（2）将 sheet1 和 sheet3 两个工作表同时选中，并将其删除；将 sheet2 工作表重命名为"教师"。

（3）在 D 盘新建一个名为"实验 522"的工作簿文件。将"实验 521"工作簿中的"学生"工作表复制，放到所有工作表的最后。将"教师"工作表复制，放到"实验 522"工作簿的 sheet1 工作表之前。

（4）将"实验 522"工作簿中的 sheet3 工作表移动到 sheet2 工作表之前。将 sheet1 工作表移动到"实验 521"工作簿，放到所有工作表的最后。

实验步骤

1. 插入工作表具体操作步骤如下。

（1）新建一个名为"实验 521"的工作簿文件，在 sheet2 工作表标签上右击鼠标，在弹出的快捷菜单中选择"插入"选项，弹出"插入"对话框，选择"工作表"，单击"确定"按钮。插入的工作表默认名称为 sheet4，在 sheet4 工作表标签上双击鼠标，输入新的工作表名称"学生"即可。

（2）单击已知工作表标签右侧的"插入工作表"按钮，直接在已知工作表的右侧插入了一个新工作表，在工作表标签上双击鼠标，输入新的工作表名称"成绩"。实验结果如图 5.3 所示。

图 5.3　插入工作表

2. 删除和重命名工作表具体操作步骤如下。

（1）用鼠标单击 sheet1，按住 Ctrl 键的同时，用鼠标再单击 sheet3，将两个工作表同时选中，在选中的任意一个工作表上单击鼠标右键，在弹出的快捷菜单中单击"删除"，删除两个工作表。

（2）在 sheet2 上双击鼠标，或者单击鼠标右键，在弹出的快捷菜单中选择"重命名"，工作表标签名称变黑色，此时直接输入新名称"教师"即可。实验结果如图 5.4 所示。

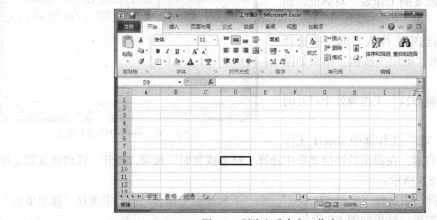

图 5.4　删除和重命名工作表

3. 复制工作表具体操作步骤如下。

（1）新建一个名为"实验 522"的工作簿文件。

（2）在"实验 521"工作簿中选中"学生"工作表，在工作表标签上单击鼠标右键，在弹出的快捷菜单中选择"移动或复制"选项，打开"移动或复制工作表"对话框，如图5.5 所示。

图 5.5　"移动或复制工作表"对话框

（3）在"下列选定工作表之前"中选择"移至最后"，并且选中左下角的"建立副本"复选框，然后单击"确定"按钮。结果如图 5.6 所示。

（4）在"教师"工作表上单击鼠标右键，在弹出的快捷菜单中选择"移动或复制"选项，打开"移动或复制工作表"对话框，如图 5.5 所示。

（5）在"工作簿"中选择"实验 522.xlsx"；在"下列选定工作表之前"中选择"sheet1"；选中左下角的"建立副本"复选框，然后单击"确定"按钮。结果如图 5.7 所示。

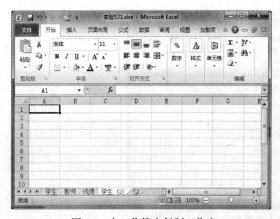

图 5.6　在工作簿中复制工作表

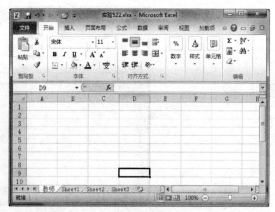

图 5.7　两个工作簿之间复制工作表

4. 移动工作表具体操作步骤如下。

（1）打开"实验 522"工作簿。

（2）在 sheet3 工作表标签上单击鼠标右键，在弹出的快捷菜单中选择"移动或复制"选项，打开"移动或复制工作表"对话框，如图 5.5 所示。

（3）在"下列选定工作表之前"中选择"sheet2"，然后单击"确定"按钮。结果如图5.8 所示。

（4）保证"实验 521"工作簿处于打开的状态。

（5）在"实验 522"工作簿中 sheet1 工作

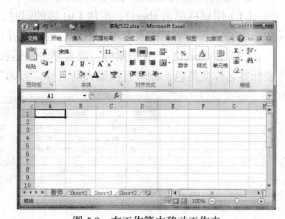

图 5.8　在工作簿中移动工作表

表标签上单击鼠标右键，在弹出的快捷菜单中选择"移动或复制"选项，打开"移动或复制工作表"对话框，如图 5.5 所示。

（6）在"工作簿"中选择"实验 521.xlsx"，在"下列选定工作表之前"中选择"移至最后"，然后单击"确定"按钮。结果如图 5.9 所示。

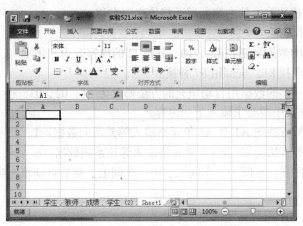

图 5.9　两个工作簿之间移动工作表

实验 5.3　编辑单元格、行和列

实验目的

（1）掌握数据的输入与编辑方法。

（2）掌握单元格、行和列的复制和移动。

（3）掌握单元格、行和列的插入和删除。

实验内容

1. 新建一个 Excel 工作簿，在 sheet1 工作表中输入如图 5.10 所示的数据，并将工作簿以文件名"学生成绩表"保存到 D 盘。

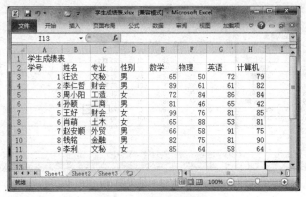

图 5.10　工作表中数据

2. 打开所建立的"学生成绩表"，完成下列操作并保存。

（1）将"专业"列移到"计算机"列之后。

（2）将第 3 行的内容清除。

（3）在学号为 8、姓名为"钱铭"的前面插入 1 行，输入数据分别为"10、张一、工商、女、98、63、74、82"。

（4）将 C10 单元格删除，使右侧的单元格依次向左移动。

（5）将第 3、12 行删除。

（6）把 F2：F10 的数据复制到 I2：I10，并把 I2 的内容改为"化学"。

（7）在工作表中查找 81，全部用 87 替换。

（8）把"学号"一列的数据用自动填充的方法修改为 01、02、03、……、08。

3．在 sheet2 工作表中按要求输入下列内容。

（1）用自动填充的方法向 A1 至 A5 单元格输入等差系列数据：1、3、5、7、9。

（2）用自动填充的方法向 C1 至 C5 单元格输入等比系列数据：6、24、96、384、1536。

（3）先定义填充序列：车间一、车间二、……车间七，然后自动填充到 D7 至 J7 单元格。

实验步骤

1．在 D 盘新建一个名称为"学生成绩表"的工作簿文件。输入数据时可以选定要输入数据的单元格，即可在单元格中输入数据。

2．具体操作步骤如下。

（1）在"专业"列号上单击鼠标右键，在弹出的快捷菜单中选择"剪切"，或者选择"开始"→"剪贴板"→"剪切"，在列号 I 上单击鼠标右键，在弹出的快捷菜单中选择"插入剪切的单元格"，将"专业"列移到"计算机"列之后。

（2）在行号 3 上单击鼠标右键，在弹出的快捷菜单中选择"清除内容"，或者选择"开始"→"编辑"→"清除"→"清除内容"，将第 3 行的内容清除。

（3）在行号 10 上单击鼠标右键，在弹出的快捷菜单中选择"插入"，或者选择"开始"→"单元格"→"插入"→"插入工作表行"，在第 10 行插入一个空行。从 A10 开始依次输入"10、张一、工商、女、98、63、74、82"即可。最终结果如图 5.11 所示。

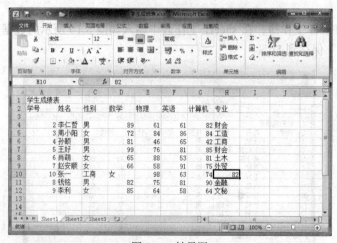

图 5.11　结果图

（4）在 C10 单元格上单击鼠标右键，在弹出的快捷菜单中选择"删除"，或者选择"开始"→"单元格"→"删除"→"删除单元格"，弹出"删除"对话框，如图 5.12 所示，在对话框中选择"右侧单元格左移"，单击"确定"按钮。结果如图 5.13 所示。

（5）在行号 3 上单击鼠标，按住 Ctrl 键的同时，再在行号 12 上单击鼠标，将两行选中；在任意选中的行号上单击鼠标右键，在弹出的快捷菜单中选择"删除"，或者选择"开始"→"单元格"→"删除"→"删除工作表行"，将第 3 行和第 12 行删除。

图 5.12 "删除"对话框   图 5.13 "删除"单元格结果

（6）拖曳鼠标选中 F2：F10，在选中的内容上单击鼠标右键，在弹出的快捷菜单中选择"复制"，或者选择"开始"→"剪贴板"→"复制"，在 I2 上单击鼠标右键，在弹出的快捷菜单中选择"粘贴"，或者选择"开始"→"剪贴板"→"粘贴"，将 F2：F10 的数据复制到 I2：I10。单击 I2，直接输入"化学"即可。结果如图 5.14 所示。

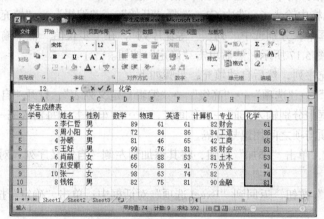

图 5.14 "复制"单元格结果

（7）拖曳鼠标选中工作表中所有的数据，选择"开始"→"编辑"→"查找和选择"→"替换"，弹出"查找和替换"对话框；在"查找内容"中输入 81，在"替换为"中输入 87，如图 5.15 所示，单击"全部替换"按钮，工作表中 6 个 81 全部替换为 87。

图 5.15 "查找和替换"对话框

（8）选中 A3 单元格，输入'01，然后拖动填充柄（A3 右下方鼠标指针为十字）至结束单元格 A10 松开即可。如图 5.16 所示。

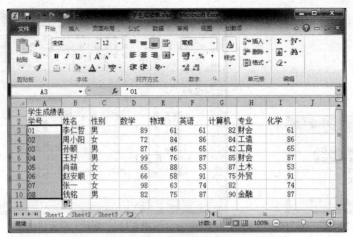

图 5.16　自动填充学号

3. 单击打开 sheet2 工作表，具体操作步骤如下。

（1）在 A1 单元格输入 1，在 A2 单元格输入 3。将 A1、A2 单元格同时选中，然后拖动填充柄（A2 右下方鼠标指针为十字）至结束单元格 A5 松开即可。

（2）在 C1 单元格中输入 6，选中 C1，选择"开始"→"编辑"→"填充"→"系列"，在打开的"序列"对话框中，分别选中"列"、"等比序列"，在"步长值"框中输入 4，在"终止值"框中输入 1536，如图 5.17 所示，然后单击"确定"按钮。

（3）先定义填充序列，然后自动填充，步骤如下。

① 选择"文件"→"选项"→"高级"→"编辑自定义列表"，打开"自定义序列"对话框，在"输入序列"表框中分别输入车间一、车间二、……、车间七，每输入完一项，按回车键。如果一行输入多项，项与项之间用逗号分隔。

② 输入完成后，单击"添加"按钮，将其添加到左侧"自定义序列"对话框中，如图 5.18 所示。

③ 单击"确定"按钮，返回到"Excel 选项"对话框中；单击"确定"按钮，完成自定义序列设置。

④ 选中 D7 单元格，输入车间一，然后拖动填充柄（D7 右下方鼠标指针为十字）至结束单元格 J7 松开即可。

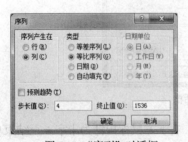

图 5.17　"序列"对话框

图 5.18　"自定义序列"对话框

实验 5.4　格式化工作表

实验目的

（1）掌握设置数据格式。
（2）掌握用条件格式化显示数据。
（3）掌握自动套用格式。
（4）掌握格式的复制和删除。

实验内容

1. 设置数据格式

（1）打开"学生成绩表"，如图 5.10 所示。将"数学"成绩保留一位小数。
（2）设置第 1 行"学生成绩表"的字体为黑体、24 号字、加粗，合并居中。设置其他行字体为宋体、16 号字，内容水平居中，垂直居中。
（3）为工作表设置如图 5.19 所示的边框。

学生成绩表

学号	姓名	专业	性别	数学	物理	英语	计算机
1	汪达	文秘	男	65.0	50	72	79
2	李仁哲	财会	男	89.0	61	61	82
3	周小阳	工造	女	72.0	84	86	84
4	孙颐	工商	男	81.0	46	65	42
5	王好	财会	男	99.0	76	81	85
6	肖萌	土木	女	65.0	88	53	81
7	赵安顺	外贸	女	66.0	58	91	75
8	钱铭	金融	男	82.0	75	81	90
9	李利	文秘	女	85.0	64	58	64

图 5.19　工作表设置边框样张

（4）为表头行设置黄色底纹，第 2 行设置浅绿色底纹。如图 5.20 所示。

	A	B	C	D	E	F	G	H
1				学生成绩表				
2	学号	姓名	专业	性别	数学	物理	英语	计算机
3	1	汪达	文秘	男	65.0	50	72	79
4	2	李仁哲	财会	男	89.0	61	61	82
5	3	周小阳	工造	女	72.0	84	86	84
6	4	孙颐	工商	男	81.0	46	65	42
7	5	王好	财会	男	99.0	76	81	85
8	6	肖萌	土木	女	65.0	88	53	81
9	7	赵安顺	外贸	女	66.0	58	91	75
10	8	钱铭	金融	男	82.0	75	81	90
11	9	李利	文秘	女	85.0	64	58	64

图 5.20　工作表设置底纹样张

（5）将第 1 行的高度设置为 40，第 2 行的高度设置为 35，其他行的高度设置为 25。

（6）将第 1、2 列的宽度设置为 10，其他各列的宽度根据内容自动调整。

2. 将第 1 行的格式复制到第 5 行，第 2 行的格式复制到第 7 行，然后将第 1、2 行的格式删除。

3. 将"学生成绩表"中各门课程的成绩中大于 90 分的用"浅红填充色深红色文本"格式，小于 60 分的用"绿填充色深绿色文本"格式条件格式化显示数据。

4. 将 sheet1 工作表中的数据全部复制到 sheet2 工作表中。将 sheet2 工作表中的数据应用套用格式中第 2 行第 4 列的格式。

实验步骤

1. 打开"学生成绩表"，设置数据格式

（1）选中 E3：E11，单击"开始"→"数字"→"常规"→"其他数字格式"，或者单击"开始"→"单元格"→"格式"→"设置单元格格式"，均可打开"设置单元格格式"对话框，在"数字"选项卡的分类中选择"数值"，在右侧的"小数位数"输入 1，如图 5.21 所示，单击"确定"按钮。

> 也可以单击"开始"→"数字"→"常规"，在下拉列表框中设置需要的数字格式。

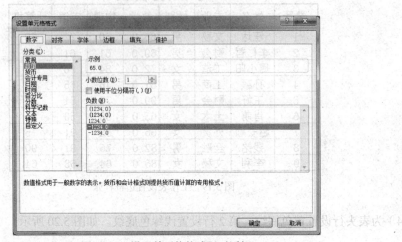

图 5.21 "设置单元格格式"对话框

（2）设置字体和对齐方式。

① 选中 A1，单击"开始"→"字体"，"字体"选择"黑体"，字号选择"24"，再单击"加粗"。然后选定 A1：H1，单击"开始"→"对齐方式"→"合并后居中"。

② 选中 A2：H11，字体和字号的设置同①，然后单击"开始"→"对齐方式"→"垂直居中"和"居中"即可。

（3）设置边框。

① 选中 A2：H11，右键单击鼠标，在弹出的快捷菜单中选择"设置单元格格式"，或者单击"开始"→"单元格"→"格式"→"设置单元格格式"，打开"设置单元格格式"对话框，从中选择"边框"选项卡，如图 5.22 所示。

② 在"样式"列表框中选择粗实线，单击"外边框"按钮，即可设置表格的外边框；再在"样

式"列表框中选择细实线，单击"内部"按钮，即可设置表格的内部连线，单击"确定"按钮。

③ 选中 A2：H2，在如图 5.22 所示的对话框的"样式"列表框中选择双实线，单击"边框"组中 按钮，单击"确定"按钮。

④ 选中 D2：D11，在如图 5.22 所示的对话框的"样式"列表框中选择双实线，单击"边框"组中 按钮，单击"确定"按钮。

> **提示**　设置边框也可以选择"开始"→"字体"组中的 ，从下拉列表框中选择相应的选项设置。

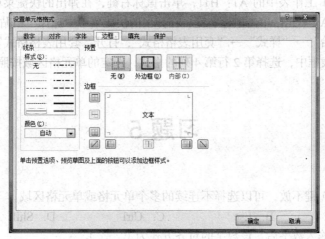

图 5.22　"边框"选项卡

（4）设置背景色。

① 选中第 1 行，右键单击鼠标，在弹出的快捷菜单中选择"设置单元格格式"，或者单击"开始"→"单元格"→"格式"→"设置单元格格式"，打开"设置单元格格式"对话框，从中选择"填充"选项卡。

② 在"背景色"中选择"黄色"，单击"确定"按钮。

③ 选中 A2：H2，在上述的"填充"选项卡的"背景色"中选择"浅绿色"，单击"确定"按钮。

（5）设置行高。

① 选中第 1 行，单击"开始"→"单元格"→"格式"→"行高"，打开"行高"对话框，在对话框中输入 40，然后按"确定"按钮即可。

② 选中第 2 行，设置方法同①。

③ 选中第 3 行至第 11 行，设置方法同①。

（6）设置列宽。

① 选中第 A、B 列，单击"开始"→"单元格"→"格式"→"列宽"，打开"列宽"对话框，在对话框中输入 10，然后按"确定"按钮即可。

② 选中第 C 列至第 H 列，单击"开始"→"单元格"→"格式"→"自动调整列宽"。

2. 格式的复制和删除

（1）选中 A1 单元格，单击"开始"→"剪贴板"→"格式刷"，鼠标指针变成刷子形状。

（2）用刷子形指针选中 A5：H5，即完成格式复制。

第 2 行的格式复制到第 7 行，方法同上。

（3）选中第1、2行，单击"开始"→"编辑"→"清除"，打开"清除"下拉列表框。

（4）在列表框中，选择"清除格式"，即可把应用的格式删除。

3. 条件格式化显示数据

选择 E3：H11，单击"开始"→"样式"→"条件格式"，打开"条件格式"下拉列表框，在"突出显示单元格规则"的下一级选项中，选择"大于"选项，在"大于"对话框中，分别输入"90"和选择设置为"浅红填充色深红色文本"，然后单击"确定"按钮。

设置小于 60 分用"绿填充色深绿色文本"，方法同上。

4. 套用表格格式

（1）选中 sheet1 工作表中的 A1：H11，单击鼠标右键，在弹出的快捷菜单中选择"复制"，在 sheet2 工作表的 A1 单元格单击鼠标右键，在弹出的快捷菜单中选择"粘贴"。

（2）单击"开始"→"样式"→"套用表格格式"，打开"套用表格格式"下拉列表框。

（3）在示例列表框中，选择第 2 行第 4 列的格式，选定的单元格区域按照选择的表格格式进行设置。

习题 5

一、选择题

1. 按住（　　）键不放，可以选择不连续的多个单元格或单元格区域。

    A. Enter　　　　　　B. Esc　　　　　　C. Ctrl　　　　　　D. Shift

2. 向单元格中输入数字后，该数字的对齐方式为（　　）。

    A. 左对齐　　　　　B. 居中对齐　　　　C. 右对齐　　　　　D. 分散对齐

3. 单元格的数字为 0.38%，则（　　）。

    A. 单元格和编辑栏都显示为 0.38%　　　B. 单元格为 38%，编辑栏为 0.38

    C. 单元格和编辑栏都显示为 0.38　　　　D. 单元格为 0.38，编辑栏为 38%

4. B2：D5 的含义是（　　）。

    A. B2 和 D5 两个单元格的平均值

    B. B2 和 D5 两个单元格的和

    C. 左上角为 B2，右下角为 D5 的一个区域

    D. B2 和 D5 两个单元格

5. 在正常设置下，在单元格中输入 1/2，则单元格内容显示为（　　）。

    A. 1/2　　　　　　B. 二分之一　　　　C. 二月一日　　　　D. 一月二日

6. 在 Excel 中，当两个都包含数据的单元格进行合并时（　　）。

    A. 所有数据丢失　　　　　　　　　　　B. 所有的数据合并放入新的单元格

    C. 只保留最左上角单元格中的数据　　　D. 只保留右上角单元格中的数据

7. 在 Excel 中，用户（　　）输入相同的数字。

    A. 只能在一个单元格中　　　　　　　　B. 只能在两个单元格中

    C. 可以在多个单元格中　　　　　　　　D. 不可以在单元格中

8. 在 Excel 中，改变数据区中行高时，一般在"单元格"组的"格式"选项中选择（　　）会弹出行高对话框？

    A. 行高　　　　　　B. 最适合的行高　　C. 隐藏　　　　　　D. 取消隐藏

9. 在 Excel 中负数的输入可以用（　　）。

A. 先输入负号　　B. 输入大括号　　C. 画横线　　D. 不可以

10. 在 Excel 表格的单元格中出现一连串的"######"符号，则表示（　　）。
　　A. 需重新输入数据　　　　　　B. 需调整单元格的宽度
　　C. 需删去该单元格　　　　　　D. 需删去这些符号

11. 在 Excel 中对网格线的正确说法是（　　）。
　　A. 网格线不能打印　　　　　　B. 网格线必须打印
　　C. 网格线只能显示不能打印　　D. 网格线可打印也可不打印

12. 在 Excel 的工作表中，每个单元格都有其固定的地址，如"A5"表示（　　）。
　　A. "A"代表"A"列，"5"代表第"5"行
　　B. "A"代表"A"行，"5"代表第"5"列
　　C. "A5"代表单元格的数据
　　D. 以上都不是

13. Excel 的三要素是（　　）。
　　A. 工作簿、工作表和单元格　　B. 字符、数字和表格
　　C. 工作表、工作簿和数据　　　D. 工作簿、数字和表格

14. 在 Excel 工作表中，在不同单元格输入下面内容，其中肯定被识别为字符型数据的是（　　）。
　　A. 1999-3-4　　B. ￥100　　C. 34%　　D. 广州

15. 若在 Excel 工作表中选取一组单元格，则其中活动单元格的数目是（　　）。
　　A. 1 行　　B. 1 个　　C. 1 列　　D. 被选中的单元格个数

16. 在 Excel 中，若已将 A1 单元格中的内容跨 5 列居中，要修改跨列居中内容，必须选定（　　）。
　　A. 区域 A1:E1　　B. 单元格 E1　　C. 单元格 A1　　D. 单元格

17. Excel 的主要功能是（　　）。
　　A. 表格制作，文字处理，文件管理　　B. 文件管理，网络通信，图表制作
　　C. 表格制作，数据处理，图表制作　　D. 表格制作，数据管理，网络通信

18. 在 Excel 工作簿中，至少应含有的工作表个数是（　　）。
　　A. 0　　B. 1　　C. 2　　D. 37

19. 在 Excel 中，选中活动工作表的一个单元格后执行"编辑"组的"清除"选项，不可以（　　）。
　　A. 删除单元格　　　　　　　　B. 清除单元格中的数据
　　C. 清除单元格的格式　　　　　D. 清除单元格中的批注

20. 在 Excel 中，可通过（　　）组中的"格式"选项来改变数字的格式。
　　A. 编辑　　B. 视图　　C. 样式　　D. 单元格

21. 在 Excel 工作表中，选定某单元格，单击快捷菜单下的"删除"选项，不可能完成的操作是（　　）。
　　A. 删除该行　　　　　　　　　B. 右侧单元格左移
　　C. 删除该列　　　　　　　　　D. 左侧单元格右移

22. 在 Excel 默认建立的工作簿中，用户对工作表（　　）。
　　A. 可以增加或删除　　　　　　B. 不可以增加或删除
　　C. 只能增加　　　　　　　　　D. 只能删除

23. 在 Excel 中，单元格的文本数据默认的对齐方式为（　　）。

    A. 靠左对齐   B. 靠右对齐   C. 居中对齐   D. 两端对齐

24. 在 Excel 工作表中，日期型 "2012 年 12 月 21 日" 的正确输入形式是（   ）。

    A. 2012-12-21   B. 21.12.2012   C. 21,12,2012   D. 2012\12\21

25. 在运行 Excel 时，默认新建立的工作簿文件名是（   ）。

    A. Excel1   B. sheet1   C. book1   D. 工作簿 1

26. 在 Excel 中，选取整个工作表的方法是（   ）。

    A. 单击 "编辑" 组中的 "全选" 命令

    B. 单击工作表左上角的列标与行号交汇的方框

    C. 单击 A1 单元格，然后按住 Shift 键单击当前屏幕的右下角单元格

    D. 单击 A1 单元格，然后按住 Ctrl 键单击工作表的右下角单元格

27. 一个 Excel 工作簿（   ）。

    A. 只包括一个工作表   B. 只包括一个工作表和一个统计图

    C. 最多包括三个工作表   D. 包括 1～255 个工作表

28. 启动 Excel 正确步骤是（   ）。

    （1）将鼠标移到 "开始" 菜单中的 "程序" 项上，打开 "所有程序" 菜单

    （2）单击主窗口左下角的 "开始" 按钮，打开主菜单

    （3）单击菜单中的 "Microsft Excel"

    A.（1）（2）（3）   B.（2）（1）（3）   C.（3）（1）（2）   D.（2）（3）（1）

29. 在 Excel 中，A1 单元格设定其数字格式为整数，当输入 "33.51" 时，显示为（   ）。

    A. 33.51   B. 33   C. 34   D. ERROR

30. Excel 工作表最多有（   ）列。

    A. 65535   B. 256   C. 254   D. 128

31. 下列说法不正确的是（   ）。

    A. Excel 中可以同时打开多个工作簿文档

    B. 在同一个工作薄中可以建立多个工作表

    C. 在同一个工作表中可以为多个数据区域命名

    D. Excel 工作表中的数据区域可以包括无数个单元格

32. 在 Excel 中，如果单元格中的数太大不能显示时，一组（   ）显示在单元格内。

    A. ?   B. *   C. ERROR!   D. #

33. 在 Excel 中，一个工作表最多可含有的行数是（   ）。

    A. 255   B. 256   C. 65536   D. 任意多

34. 在输入字符数据时，当单元格中的字符数据的长度超过了单元格的显示宽度时，下列叙述中正确的是（   ）。

    A. 该字符串将不能继续输入

    B. 如果左侧相邻的单元格没有内容，则超出的内容将显示在左侧单元格中

    C. 如果右侧相邻的单元格中没有内容，则超出的部分将延伸到右侧单元格中

    D. 显示为 "#" 符号

35. 在 Excel 的工作薄中，要选定多个连续的工作表，则需要按住（   ）键，然后单击需选定的最前和最后两个工作表。

    A. Shift   B. Ctrl   C. CapsLock   D. Alt

36. 若需选整个工作表，可按（   ）组合键。

    A. Ctrl+A   B. Ctrl+Q   C. Shift+A   D. Shift+Q

37. 在 Excel 中，（　　　）是工作表的最基本的组成单位。
    A. 工作簿　　　　　　B. 工作表　　　　　　C. 活动单元格　　　　D. 单元格
38. 默认情况下，启动 Excel 工作窗口之后，每个工作簿由三张工作表组成，工作表名字为
    （　　　）。
    A. 工作表 1、工作表 2 和工作表 3　　　　B. Bookl、Book2 和 Book3
    C. Sheetl、Sheet2 和 Sheet3　　　　　　D. 工作簿 1、工作簿 2 和工作簿 3
39. 下列 4 种操作方法中，不能退出 Excel 的方法是（　　　）。
    A. 在 Excel 窗口中单击标题栏右端的关闭按钮
    B. 在 Excel 窗口中单击标题栏左端的控制菜单按钮
    C. 单击"文件"选项中的"退出"命令
    D. 按组合键 Alt+F4
40. 在 Excel 中，在单元格内不能输入的内容是（　　　）。
    A. 文本　　　　　　　B. 图表　　　　　　　C. 数值　　　　　　　D. 日期
41. 在 Excel 的下列操作中，不能结束单元格数据输入的操作是（　　　）。
    A. 按 Shift 键　　　　B. 按 Enter 键　　　　C. 按 Tab 键　　　　　D. 单击其他单元格
42. 在单元格中输入公式时，编辑栏上的"√"按钮表示（　　　）操作。
    A. 确认　　　　　　　B. 取消　　　　　　　C. 拼写检查　　　　　D. 函数向导
43. 在 Excel 工作表中，每个单元都有唯一的编号，编号方法是（　　　）。
    A. 行号+列号　　　　B. 列标+行号　　　　C. 数字+字母　　　　D. 字母+数字
44. 在 Excel 中条件格式不能设置符合条件的（　　　）。
    A. 边框线条样式　　　B. 文本对齐　　　　　C. 底纹　　　　　　　D. 文字字体
45. 左键单击工作表的标签，可以进行（　　　）操作。
    A. 给工作表重新命名　　　　　　　　　　　B. 激活工作表
    C. 插入新的工作表　　　　　　　　　　　　D. 移动工作表的位置
46. 在 Excel 中若要设置单元格的底纹，可选择"单元格"组中的（　　　）选项。
    A. 行　　　　　　　　B. 列　　　　　　　　C. 格式　　　　　　　D. 工作表
47. 在 Excel 中清除一行的内容时，先选中该行后，再按（　　　）键。
    A. F1　　　　　　　　B. X　　　　　　　　C. √　　　　　　　　D. Delete
48. 在 Excel 中，关于"填充柄"的说法，不正确的是（　　　）。
    A. 它位于活动单元格的右下角
    B. 它的形状是"十"字形
    C. 它可以填充颜色
    D. 拖动它可将活动单元格内容复制到其他单元格
49. 如果一个工作簿中含有若干个工作表，则在该工作簿的窗口中（　　　）。
    A. 只能显示其中一个工作表的内容
    B. 最多显示其中三个工作表的内容
    C. 能同时显示多个工作表的内容
    D. 由用户设定同时显示工作表的数目
50. "工作表"是用行和列组成的表格，分别用（　　　）区别。
    A. 数字和数字　　　　B. 数字和字母　　　　C. 字母和字母　　　　D. 字母和数字
51. 在 Excel 中，工作簿是指（　　　）。
    A. 操作系统

B. 不能有若干类型的表格共存的单一电子表格

C. 图表

D. 在 Excel 环境中用来存储和处理工作数据的文件

52. Excel 2010 文档的默认文件扩展名为（　　　）。

    A. .xml   B. .txt   C. .xlsx   D. .docx

53. 对于新安装的 Excel，一个新建的工作簿默认具有（　　　）个工作表。

    A. 1   B. 2   C. 3   D. 255

54. 在 Excel 中，单元格地址是指（　　　）。

    A. 每一个单元格   B. 每一个单元格的大小

    C. 单元格所在的工作表   D. 单元格在工作表中的位置

55. 在 Excel 中，把鼠标指向被选中单元格边框，当指针变成箭头时，拖动鼠标到目标单元格时，将完成（　　　）操作。

    A. 删除   B. 移动   C. 自动填充   D. 复制

56. 在 Excel 中，有关行高的表述，下面说法中错误的是（　　　）。

    A. 整行的高度是一样的

    B. 在不调整行高的情况下，系统默认设置行高自动以本行中最高的字符为准

    C. 行增高时，该行各单元格中的字符也随之自动增高

    D. 一次可以调整多行的行高

57. 在 Excel 工作表中，（　　　）操作可以删除工作表 D 列。

    A. 单击列号 D，按 Del 键

    B. 单击列号 D，选择快捷菜单下的"删除"

    C. 单击列号 D，选择工具条上的"剪切"按钮

    D. 单击列号 D，选择"编辑"→"清除"→"全部清除"

58. 在 Excel 工作表的单元格中，如想输入数字字符串 070615(例如学号)，则应输入（　　　）。

    A. 00070615   B. 070615   C. 0070615   D. ' 070615

59. 在 Excel 工作簿中，要同时选择多个不相邻的工作表，可以在按住（　　　）键的同时依次单击各个工作表的标签。

    A. Tab   B. Alt   C. Shift   D. Ctrl

60. 在 Excel 工作表中，当前单元格只能是（　　　）。

    A. 单元格指针选定的 1 个   B. 选中的一行

    C. 选中的一列   D. 选中的区域

61. 在 Excel 中，将 3、4 两行选定，然后进行插入行操作，下面正确的表述是（　　　）。

    A. 在行号 2 和 3 之间插入两个空行   B. 在行号 3 和 4 之间插入两个空行

    C. 在行号 4 和 5 之间插入两个空行   D. 在行号 3 和 4 之间插入一个空行

62. 放弃当前输入的数据应按（　　　）键。

    A. Esc   B. Del   C. Enter   D. Insert

63. 给 Excel 工作表改名的正确操作是（　　　）。

    A. 右击工作表标签条中某个工作表名，从弹出菜单中选择"重命名"

    B. 单击工作表标签条中某个工作表名，从弹出菜单中选择"插入"

    C. 右击工作表标签条中某个工作表名，从弹出菜单中选择"插入"

    D. 单击工作表标签条中某个工作表名，从弹出菜单中选择"重命名"

64. 某工作表的单元格 B5 已是活动单元格，下列（　　　）状态中肯定能保证数值型数据

123.456 准确地输入到 B5 单元格中。
　　A. 中文标点、全角状态　　　　　　B. 中文标点、半角状态
　　C. 英文标点、半角状态　　　　　　D. 不管什么状态，都能准确地输入

65. 将若干个单元格合并成一个单元格后，新单元格使用（　　）单元格的地址。
　　A. 左上角　　　　B. 右下角　　　　C. 有数据的　　　D. 用户指定的

66. 若一个单元格的地址为 F5，则其右边紧邻的一个单元格的地址为（　　）。
　　A. F6　　　　　B. G5　　　　　C. E5　　　　D. F4

67. 若一个单元格的地址为 F5，则其下边紧邻的一个单元格的地址为（　　）。
　　A. F6　　　　　B. G5　　　　　C. E5　　　　D. F4

68. 在 Excel 中，日期数据的数据类型属于（　　）。
　　A. 数字型　　　　B. 文字型　　　　C. 逻辑型　　　　D. 时间型

69. 选定多列单元区域后，拖动选定列的右边界时，调节（　　）的宽度。
　　A. 一列单元区域　　　　　　　　　B. 未选定单元区域
　　C. 所有选定列的单元区域　　　　　D. 最后一个选定列的单元区域

70. 在 Excel 中，按下 Delete 键将清除被选区域中所有单元格的（　　）。
　　A. 内容　　　　B. 格式　　　　C. 批注　　　　D. 所有信息

71. 在 Excel 中，进行查找或替换操作时，将打开的对话框的名称是（　　）。
　　A. 查找　　　　B. 替换　　　　C. 查找和替换　　D. 定位

72. 在 Excel 中，"合并居中"按钮的作用是（　　）。
　　A. 将所选的单元格合并成一个大单元格，删除原来数据
　　B. 将所选的单元格中的数据水平居中
　　C. 将所选的单元格合并成一个大单元格，并使数据水平及垂直居中
　　D. 将所选的单元格合并成一个大单元格，并使数据水平居中

73. 在当前活动单元格的左边插入一个单元格后，原活动单元格下面的单元（　　）。
　　A. 位置不变　　　　　　　　　　　B. 变为活动单元格
　　C. 右移　　　　　　　　　　　　　D. 上移

74. 在 Excel 的"设置单元格格式"对话框中，不存在的选项卡是（　　）。
　　A. "货币"选项卡　　　　　　　　　B. "数字"选项卡
　　C. "对齐"选项卡　　　　　　　　　D. "字体"选项卡

75. 对电子工作表中的选择区域不能够进行操作的是（　　）。
　　A. 行高尺寸　　　B. 列宽尺寸　　　C. 条件格式　　　D. 保存文档

76. 在 Excel 中，常用到"开始"选项卡"剪贴板"组中的"格式刷"按钮，以下对其作用描述正确的是（　　）。
　　A. 可以复制格式，不能复制内容　　B. 可以复制内容，不能复制格式
　　C. 既可以复制格式，也可以复制内容　D. 既不能复制格式，也不能复制内容

77. 在 Excel 中，已知 B2、B3 单元格中的数据分别为 1 和 3，可以使用自动填充的方法使 B4 至 B6 单元格的数据分别为 5、7、9，下列操作中，可行的是（　　）。
　　A. 选定 B3 单元格，拖动填充柄到 B6 单元格
　　B. 选定 B2：B3 单元格，拖动填充柄到 B6 单元格
　　C. 以上两种方法都可以
　　D. 以上两种方法都不可以

78. 在 Excel 中，不属于垂直对齐方式的单元格的"对齐"方式是（　　）。

A. 靠上　　　　　　B. 常规　　　　　　C. 居中　　　　　　D. 靠下

79. 在 Excel 中，某个单元格的数据值为 2，按住 Ctrl 键向外拖动填充柄，可以进行的操作为（　　）。

A. 填充　　　　　　B. 消除　　　　　　C. 插入　　　　　　D. 删除

80. Excel 中，可使用组合键（　　　　）在活动单元格内输入当天日期。

A. Ctrl+;　　　　　B. Ctrl+Shift+;　　C. Alt+;　　　　　D. Alt+Shift+;

81. 在 Excel 中，为节省设计工作薄格式的时间，可利用（　　　）快速建立工作薄。

A. 超级链接　　　　B. 模板　　　　　　C. 工作薄　　　　　D. 图表

82. 在 Excel 工作表中，当插入行或列，后面的行或列将向（　　　）方向自动移动。

A. 向下或向右　　　B. 向下或向左　　　C. 向上或向右　　　D. 向上或向左

83. 在 Excel 中，当前单元格的地址显示在（　　　）中。

A. 标题栏　　　　　B. 公式栏　　　　　C. 状态栏　　　　　D. 名称栏

84. Excel 自动填充功能，可以自动快速输入（　　　）。

A. 文本数据　　　　　　　　　　　　　　B. 数字数据

C. 公式和函数　　　　　　　　　　　　　D. 具有某种内在规律的数据

85. 如果在 Excel 中先后选定了不连续的 A2：B4、A6、D3：E5 三个单元格区域，则活动单元格是（　　　）。

A. A2、A6、D3 三个单元格　　　　　　　B. A6 单元格

C. A2 单元格　　　　　　　　　　　　　D. D3 单元格

86. 在 Excel 中，已知 B2、B3 单元格中的数据分别为 1 和 3，使 B4 至 B6 单元格中的数据都为 3 的自动填充方法正确的是（　　　）。

A. 选定 B3 单元格，拖动填充柄到 B6 单元格

B. 选定 B2：B3 单元格，拖动填充柄到 B6 单元格

C. 以上两种方法都可以

D. 以上两种方法都不可以

87. 在 Excel 中，可以一格显示多行文本的单元格格式设置是（　　　）。

A. 数字　　　　　　B. 缩小字体填充　　C. 自动换行　　　　D. 合并单元格

88. 在 Excel 中，下列说法不正确的是（　　　）。

A. 每个工作簿可以由多个工作表组成

B. 输入的字符不能超过单元格的宽度

C. 每个工作表由 256 列，65536 行组成

D. 单元格中输入的内容可以是文字、数字、公式

89. Excel 中，要在活动单元格内输入分数 3/8，应键入（　　　）。

A. 3/8　　　　　　B. 0 3/8　　　　　C. !3/8　　　　　　D. #3/8

90. 在 Excel 操作中，将单元格指针移到 AB220 单元格的最简单的方法是（　　　）。

A. 拖动滚动条

B. 按 Ctrl+AB220 组合键

C. 在名称框输入 AB220 后按回车键

D. 先用 Ctrl+→组合键移到 AB 列，然后用 Ctrl+↓组合键移到第 220 行

91. 在 A1 单元格输入 2，在 A2 单元格输入 5，然后选中 A1:A2 区域，拖动填充柄到单元格 A3:A8，则得到的数字序列是（　　　）。

A. 等比序列　　　　B. 等差序列　　　　C. 数字序列　　　　D. 小数序列

92. 在同一个工作簿中区分不同工作表的单元格，要在地址前面增加（　　）来标识。
    A. 单元格地址　　　B. 公式　　　　　C. 工作表名称　　D. 工作簿名称

93. 在同一个工作簿中要引用其他工作表某个单元格的数据（如 Sheet8 中 D8 单元格中的数据），下面的表达方式中正确的是（　　）。
    A. =Sheet8!D8　　　B. =D8(Sheet8)　　C. +Sheet8!D8　　D. $Sheet8>$D8

94. 利用鼠标拖放移动数据时，若出现"是否替换目标单元格内容？"的提示框，则说明（　　）。
    A. 目标区域尚为空白　　　　　　　　B. 不能用鼠标拖放进行数据移动
    C. 目标区域已经有数据存在　　　　　D. 数据不能移动

95. 设定数字显示格式的作用是，设定数字显示格式后，（　　）格式显示。
    A. 整个工作簿在显示数字时将会依照所设定的统一
    B. 整个工作表在显示数字时将会依照所设定的统一
    C. 在被设定了显示格式的单元格区域外的单元格在显示数字时将依照所设定的统一
    D. 在被设定了显示格式的单元格区域内的数字在显示时将会依照该单元格所设定

96. 下列说法不正确的是（　　）。
    A. 在缺省情况下，一个工作簿由 3 个工作表组成
    B. 可以调整工作表的排列顺序
    C. 一个工作表对应一个磁盘文件
    D. 一个工作簿对应一个磁盘文件

97. 使用 Excel 复制数据，（　　）。
    A. 不能把一个区域的格式，复制到另一工作簿或表格
    B. 可以把一个区域的格式，复制到另一个工作簿，但不能复制到另一张表格
    C. 可以把一个区域的格式，复制到另一工作簿或表格
    D. 可以把一个区域的格式，复制到另一张表格，但不能复制到另一个工作簿

98. 当保存工作簿出现"另存为"对话框，则说明该文件（　　）。
    A. 作了修改　　　B. 已经保存过　　C. 未保存过　　D. 不能保存

99. 在 Excel 工作簿中，有关移动和复制工作表的说法，正确的是（　　）。
    A. 工作表只能在所在工作簿内移动，不能复制
    B. 工作表只能在所在工作簿内复制，不能移动
    C. 工作表可以移动到其他工作簿内，不能复制到其他工作簿内
    D. 工作表可以移动到其他工作簿内，也可以复制到其他工作簿内

100. 执行"插入"→"工作表"命令，每次可以插入（　　）个工作表。
    A. 1　　　　　　　B. 2　　　　　　　C. 3　　　　　　　D. 4

二、判断题

1. 如果操作有误，只能撤销最后一次操作，不能撤销多个操作。（　　）

2. 在 Excel 2010 中"删除"和"删除工作表"是等价的。（　　）

3. 在 Excel 中，数据里的单元格不能被删除。（　　）

4. 使用 Excel 和其他 Office 应用程序，可以与其他人共享文件，以共同进行数据处理。（　　）

5. Excel 只能编制表格，但不能实现计算功能。（　　）

6. 在 Excel 中的清除操作是将单元格的内容删除，包括其所在的地址。（　　）

7. 在 Excel 中，同一工作簿内的不同工作表，可以有相同的名称。（　　）

8. 在 Excel 中，用鼠标单击某单元格，则该单元格变为活动单元格。（　　）

9. 在 Excel 中，用填充柄方式输入 1、2、3、4、5 等序列值的操作步骤如下：在序列的第一

个单元格输入序列的第一个值 1，然后单击该单元格，再将鼠标指针指向填充柄(右下角的位置)，则鼠标指针变为十字叉线，纵向或横向拖动填充柄即可。（　　　）

10. 只能从任务栏上启动 Excel 系统。（　　　）

11. Excel 工作表中，B2 表示 B 列与第 2 行交叉点所属的单元格。（　　　）

12. Excel 工作表中，删除功能与清除功能的作用是相同的。（　　　）

13. 在 Excel 操作窗口中，活动工作表标签为灰色显示。（　　　）

14. Excel 中新建的工作簿里都只能有三张工作表。（　　　）

15. 在 Excel 表格中，单元格的数据填充不一定在相邻的单元格中进行。（　　　）

16. 在单元格中输入数字时前面加上单引号，则该数字作为文本数据。（　　　）

17. 第一次保存工作簿时，Excel 窗口中会出现"另存为"对话框。（　　　）

18. Excel 2010 是 Microsoft 公司推出的电子表格软件，是办公自动化集成软件包 Office 2010 的重要组成部分。（　　　）

19. 启动 Excel 程序后，会自动创建文件名为"文档 1"的 Excel 工作簿。（　　　）

20. 单击程序窗口的最小化按钮，可以将 Excel 程序关闭。（　　　）

21. 可以将工作表复制或移动到其他工作簿中。（　　　）

22. 选中单元格，然后按住鼠标左键拖曳到目标位置，即可实现单元格的复制。（　　　）

23. 单元格的字符串超过该单元格的显示宽度时，该字符串可能占用其右侧的单元格的显示空间而全部显示出来。（　　　）

24. 在 Excel 中，当工作簿建立完毕后，还需要进一步建立工作表。（　　　）

25. 在 Excel 中，用户可自定义填充序列。（　　　）

26. 在 Excel 中，为了在单元格输入分数，应该先输入 0 和一个空格，然后输入构成分数的字符。（　　　）

27. 单元格中显示一串"#"符号，说明该单元格的公式有误，无法计算。（　　　）

28. 单击要删除行（或列）的行号（或列号），按下 Del 键可删除该行（或列）。（　　　）

29. 在 Excel 的一个单元格中输入（100），则单元格显示为-100。（　　　）

30. 如果没有设置数字格式，则数据以通用格式存储，数值以最大精确度显示。（　　　）

31. 对于选定的区域，若要一次性输入同样数据或公式，可在该区域输入数据公式，按 Ctrl+Enter 组合键，即可完成操作。（　　　）

32. 不能同时打开文件名相同的工作簿。（　　　）

33. 在 Excel 中，对于单元格进行序列输入，其内容既可以为英文、数字，也可以是中文。（　　　）

34. 我们可以对任意区域命名，包括连续的和不连续的，甚至对某个单元格也可以重新命名。（　　　）

35. 复制或移动工作表使用同一个对话框。（　　　）

36. Excel 使用时，可以显示活动的工作簿中多张工作表的内容。（　　　）

37. 在 Excel 中制作的表格可以插入到 Word 文档中。（　　　）

38. 在 Excel 中，可以预先设置某一单元格允许输入的数据类型。（　　　）

39. 在 Excel 中使用自动填充功能时，如果初始值为纯文本，则填充都只相当于数据复制。（　　　）

40. 若在 Excel 的单元格中输入的数据长度大于单元格宽度时则无法进行显示。（　　　）

第6章
电子表格软件 Excel 高级应用

实验 6.1 公式和函数

实验目的

（1）利用公式进行表格数据计算。
（2）掌握公式的绝对引用、相对引用、混合引用。
（3）掌握常用函数。

实验内容

1. 公式使用
创建工资表，然后使用公式计算每个人的工资总和、每月平均工资。使用复制公式方法，为其他行计算总和、每月平均工资。

2. 公式引用
使用绝对引用计算每人的工资总和，使用相对引用计算每月平均工资。

3. 函数的使用
使用 SUM 函数求和。

实验步骤

1. 使用公式进行表格数据计算
（1）新建一个工作簿，命名为"第六章练习.xlsx"，在 sheet1 工作表中创建如图 6.1 所示的表格数据。
（2）在 E2 单元格输入"总工资"，F2 单元格输入"平均工资"，如图 6.2 所示。

	A	B	C	D	E	F
1	第一季度工资表					
2	姓名	一月	二月	三月		
3	张三	1000	1100	1050		
4	李四	1200	1300	1000		
5	王二	1500	1200	1080		
6	赵五	1300	1300	1300		
7						

图 6.1 工资表数据

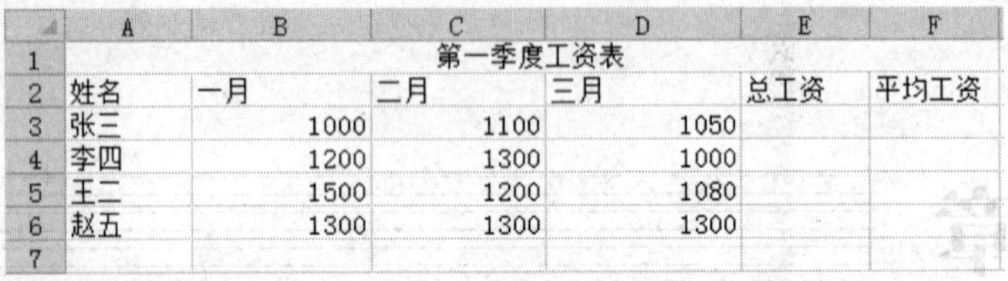

图 6.2　输入"总工资"和"平均工资"

（3）计算张三的总工资和平均工资。在 E3 单元格输入"=B3+C3+D3"，在 F3 单元格输入"=E3/3"。如图 6.3 和图 6.4 所示。

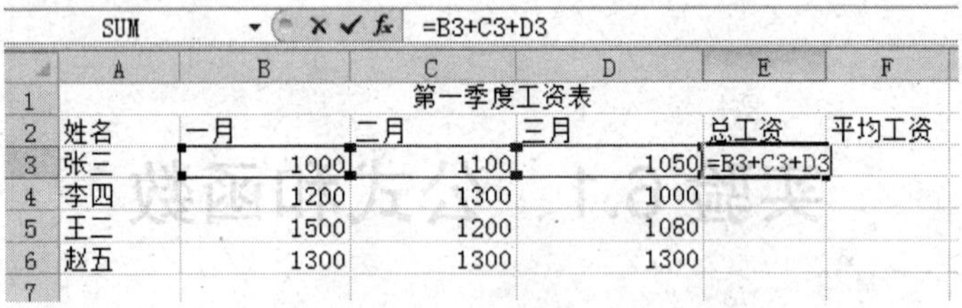

图 6.3　输入张三的总工资公式

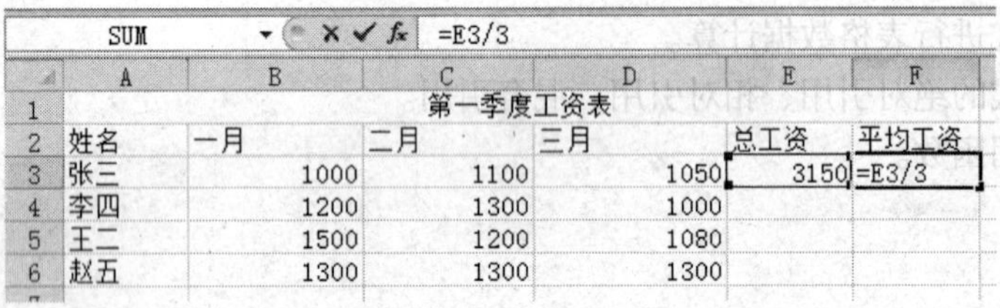

图 6.4　输入张三的平均工资公式

（4）单击 E3 单元格，使用填充手柄，将公式复制到 E4 到 E6 单元格，如图 6.5 所示。

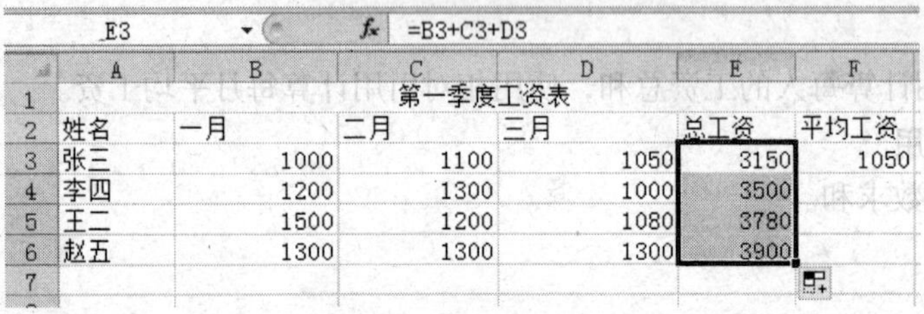

图 6.5　复制求和公式

使用同样方法，将 F3 单元格公式复制到 F4 到 F6 单元格，如图 6.6 所示。

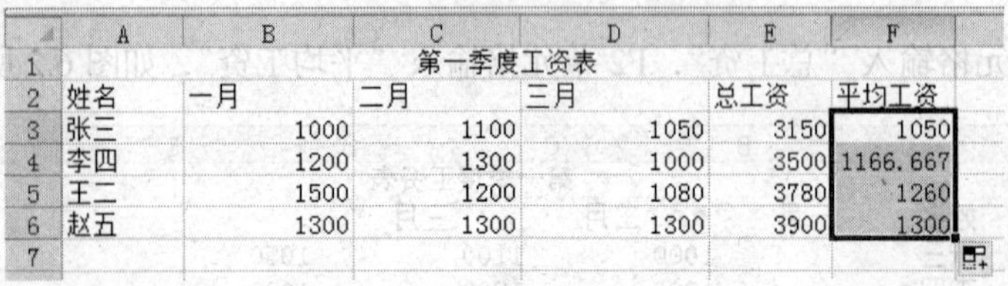

图 6.6　复制求平均数公式

选中 F3 到 F6 单元格，单击鼠标右键，在弹出的菜单中选择"设置单元格格式"选项，弹出"设置单元格格式"对话框。在"数字"标签中选择"数值"，小数位 0 位，如图 6.7 所示。

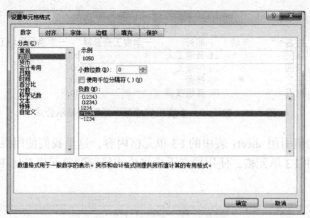

图 6.7　设置平均工资数据格式

设置后的效果如图 6.8 所示。

	A	B	C	D	E	F
1			第一季度工资表			
2	姓名	一月	二月	三月	总工资	平均工资
3	张三	1000	1100	1050	3150	1050
4	李四	1200	1300	1000	3500	1167
5	王二	1500	1200	1080	3780	1260
6	赵五	1300	1300	1300	3900	1300

图 6.8　设置平均工资格式后的效果

2. 公式引用

（1）在 sheet2 工作表中创建如图 6.9 所示的表格数据，其中 E 列中 E3 及以下单元格设为数字、0 位小数，具体设置可以参见图 6.7。

	A	B	C	D	E
1			个人信息统计表		
2	姓名	年龄	职务	一季度工资总额	一季度月平均工资
3	张三	21	普通工人		
4	李四	23	中级工		
5	王二	30	技师		
6	赵五	35	高级技师		

图 6.9　个人信息统计表数据

（2）在 D3 单元格的值引用 sheet1 表中的 E3 单元格内容，我们使用绝对地址来实现，输入 "=sheet1！$E$3"，D4、D5、D6 单元格分别引用 sheet1 表中的 E4 单元格、E5 单元格、E6 单元格，即分别输入 "=sheet1！$E$4"、"=sheet1！$E$5"、"=sheet1！$E$6"，单击"公式"选项卡中"公式审核"选项组中的"显示公式"按钮，如图 6.10 所示。

	A	B	C	D	E
1				个人信息统计表	
2	姓名	年龄	职务	一季度工资总额	一季度月平均工资
3	张三	21	普通工人	=Sheet1!$E$3	
4	李四	23	中级工	=Sheet1!$E$4	
5	王二	30	技师	=Sheet1!$E$5	
6	赵五	35	高级技师	=Sheet1!$E$6	

图 6.10　输入"一季度工资总额"后显示公式

通过再次单击"公式"选项卡中"公式审核"选项组中的"显示公式"按钮，使"显示公式"按钮取消突出显示状态，这时 D3 单元格到 D6 单元格内容显示数据值，如图 6.11 所示。

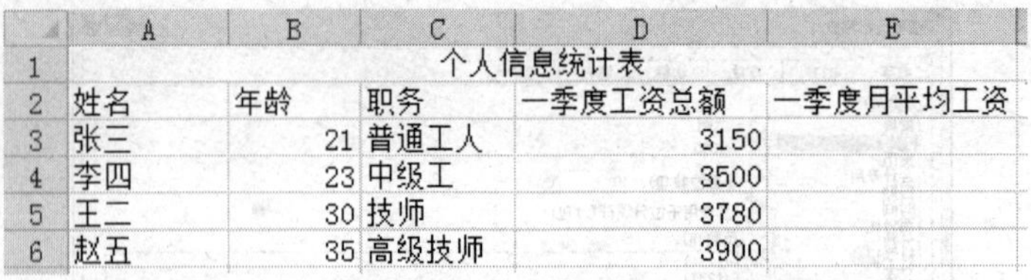

图 6.11 输入 "一季度工资总额" 后取消显示公式

（3）E3 单元格的值引用 sheet1 表中的 F3 单元格内容，这里我们使用混合地址来实现，输入 "=sheet1！$F3"。选中 F3 单元格，使用填充手柄将公式复制到单元格 E4、E5、E6 中，如图 6.12 所示。

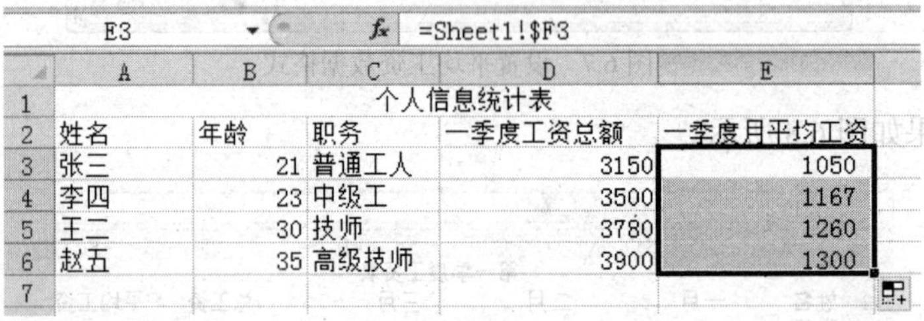

图 6.12 使用填充手柄复制一季度月平均工资公式

3. 函数的使用

如表 6.1 所示为常用函数的运算符号和功能列表。

表 6.1 运算符号和功能列表

常用函数	功 能	例 子	结 果
AVERAGE	计算一组数的平均值	AVERAGE(A1:A3,E1,12)	求单元格 A1,A2,A3,E1 和数字 12 的平均数
MAX	求一组数中的最大值	MAX(A1:A3,E1,12)	求单元格 A1,A2,A3,E1 和数字 12 中的最大值
MIN	求一组数中的最小值	MIN(A1:A3,E1,12)	求单元格 A1,A2,A3,E1 和数字 12 中的最小值
SUM	求一组数的和	SUM(A1:A3,E1,12)	求单元格 A1,A2,A3,E1 和数字 12 的总和
RANK	求某一个数值在某一区域内的排名	RANK(A1,$A$1:$A$5)	求单元格 A1 在单元格 A1 到 A5 中的排名

（1）在 sheet3 工作表中创建如图 6.13 所示的表格数据。

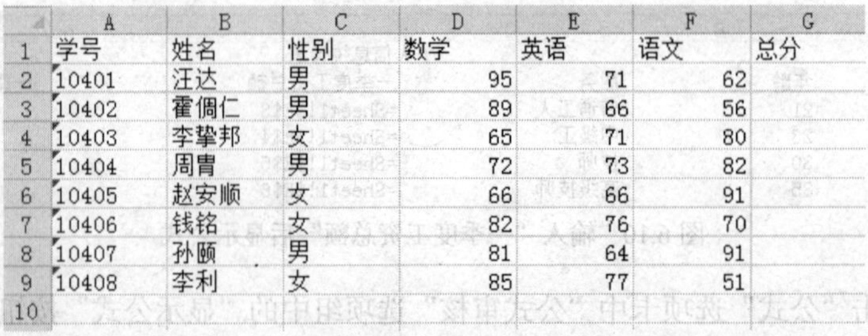

图 6.13 成绩表数据

（2）选中单元格 G2，单击"公式"选项卡的"插入函数"按钮，弹出"插入函数"对话框，选择"常用函数"类别，选择 SUM 函数，如图 6.14 所示。

图 6.14　"插入函数"对话框

单击"确定"按钮，弹出函数参数对话框，通过单击按钮▣，可以设置参数。单击 Number1 右边的按钮▣，通过鼠标选中 D2:F2，或者直接在 Number1 右边的文本框中输入"D2:F2"，然后单击"确定"按钮，结果如图 6.15 所示。

	A	B	C	D	E	F	G
1	学号	姓名	性别	数学	英语	语文	总分
2	10401	汪达	男	95	71	62	228
3	10402	霍侗仁	男	89	66	56	
4	10403	李挚邦	女	65	71	80	
5	10404	周胄	男	72	73	82	
6	10405	赵安顺	女	66	66	91	
7	10406	钱铭	女	82	76	70	
8	10407	孙颐	男	81	64	91	
9	10408	李利	女	85	77	51	

图 6.15　插入 SUM 函数求和

然后使用填充手柄，将公式复制到 G3 到 G9 中，结果如图 6.16 所示。

	A	B	C	D	E	F	G
1	学号	姓名	性别	数学	英语	语文	总分
2	10401	汪达	男	95	71	62	228
3	10402	霍侗仁	男	89	66	56	211
4	10403	李挚邦	女	65	71	80	216
5	10404	周胄	男	72	73	82	227
6	10405	赵安顺	女	66	66	91	223
7	10406	钱铭	女	82	76	70	228
8	10407	孙颐	男	81	64	91	236
9	10408	李利	女	85	77	51	213
10							

图 6.16　使用填充手柄复制公式后的效果

实验 6.2　图表

实验目的

（1）掌握创建图表方法。
（2）掌握修改图表方法。

实验内容

（1）创建嵌入式图表。

（2）图表的编辑和修改，包括图表大小、嵌入式图表位置、图表类型、背景色、移动图表。

实验步骤

1. 创建图表

（1）打开前面建立的工作簿"第六章练习.xlsx"，打开前面建立的工作表 sheet3。

（2）选择单元格 B1:B9 和 G1:G9，如图 6.17 所示。

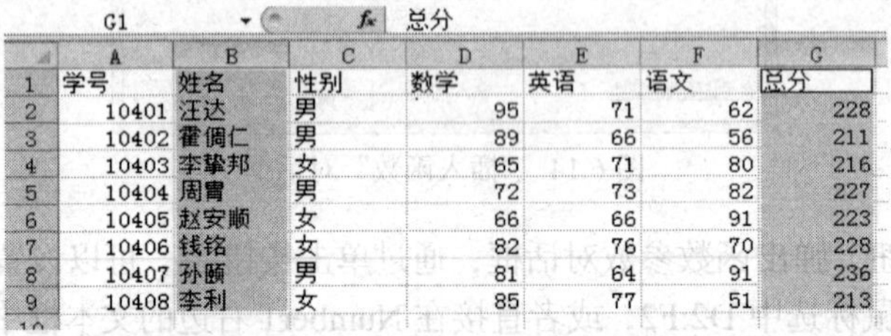

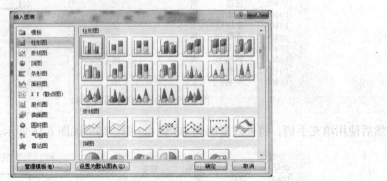

图 6.17　选择姓名和总分两列数据

（3）单击"插入"选项卡的"图表"选项组中右下角的缩放按钮 ，弹出"插入图表"对话框，如图 6.18 所示。

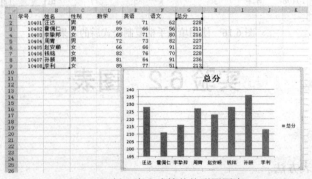

图 6.18　选中姓名和总分数据后显示的"插入图表"对话框

在对话框中，选择柱形图，在右边的列表中选择"簇状柱形图"，然后单击"确定"按钮，即插入嵌入式图表，如图 6.19 所示。

图 6.19　插入嵌入式簇状柱形图图表

2. 图表的编辑和修改

（1）修改图表大小。

选中刚插入的图表，选中状态的图表四周共有 8 个控制柄，如图 6.20 所示。

拖动这 8 个控制柄，可以改变图表的大小。

（2）修改嵌入式图表在工作表中的位置。

在图表中的空白部分点住鼠标左键不松，拖动图表到目的位置即可。

（3）修改图表类型。

单击"图表工具""设计"选项卡"类型"选项组中的"更改图表类型"按钮，弹出"更改图表类型"对话框，这次选择"折线图"中的"折线图"，单击"确定"按钮，如图 6.21 所示。

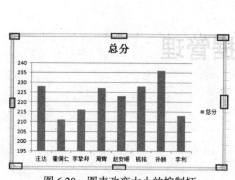

图 6.20　图表改变大小的控制柄

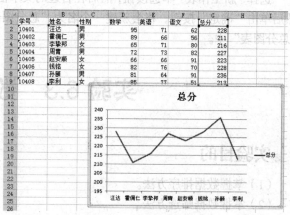

图 6.21　图表改为折线图

（4）修改图表标题、图表背景

右键单击图表中"总分"标题，在弹出菜单中选择"编辑文字"选项，然后将"总分"改成"总成绩"，然后单击鼠标右键，在弹出的菜单中选择"退出文字编辑"。效果如图 6.22 所示。

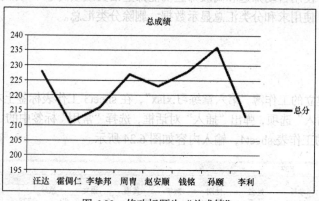

图 6.22　修改标题为"总成绩"

右键单击图表空白区域，在弹出的菜单中选择"设置图表区域格式"选项，弹出"图表区格式"对话框，在对话框中可以修改图表中空白区域的样式。

右键单击图表中图线部分，在弹出的菜单中选择"设置绘图区格式"选项，弹出"绘图区格式"对话框，在对话框中可以修改图表区域样式。

（5）移动图表

单击"图表工具""设计"选项卡"位置"选项组中的"移动图表"按钮，弹出"移动图表"

对话框，如图 6.23 所示。

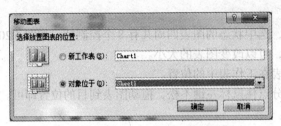

图 6.23　插入嵌入式簇状柱形图图表

选择"新工作表"单选按钮，然后在右边的文本框中输入新的图表名，这里输入"总分图表"，然后单击"确定"按钮，将会新建一个名为"总分图表"的工作表，同时 sheet3 中的图表移动到"总分图表"中。

实验 6.3　数据管理

实验目的

（1）掌握数据排序方法。
（2）掌握数据筛选方法。
（3）掌握分类汇总方法。

实验内容

（1）数据排序：根据总分对表格数据进行降序排序，总分相同的，学号小的排在前面。
（2）数据筛选：使用自动筛选和高级筛选功能筛选语文成绩高于 70 分的所有女同学记录。
（3）分类汇总：使用求和分类汇总显示数据，删除分类汇总。

实验步骤

1. 数据排序

（1）打开前面建立的工作簿"第六章练习.xlsx"，在 sheet3 工作表标签上右击鼠标，在弹出的快捷菜单中选择"插入"选项，弹出"插入"对话框，选择"常用"标签中的"工作表"，单击"确定"按钮，插入新的工作表 sheet4，输入内容如图 6.24 所示。

学号	姓名	性别	数学	英语	语文	总分
10401	汪达	男	95	71	62	228
10402	霍偁仁	男	89	66	56	211
10403	李挚邦	女	65	71	80	216
10404	周胄	男	72	73	82	227
10405	赵安顺	女	66	66	91	223
10406	钱铭	女	82	76	70	228
10407	孙颐	男	81	64	91	236
10408	李利	女	85	77	51	213

图 6.24　sheet4 工作表内容

（2）选择需要排序的数据区域，选中从 A1 到 G9 的单元格，然后单击"数据"选项卡　"排序和筛选"选项组中的"排序"按钮，弹出"排序"对话框，如图 6.25 所示。

图 6.25　"排序"对话框

在"主要关键字"下拉列表框中选择"总分"，"排序依据"选择"数值"，"次序"选择"降序"。单击上面的"添加条件"按钮，增加一个"次要关键字"，单击一次"添加条件"按钮增加一个"次要关键字"，最多可增加 63 个次要关键字。如果要删除某个关键字，可以先将光标定位到这个关键字后面的下拉列表框中，然后单击"删除条件"按钮即可。也可以单击"复制条件"按钮对当前关键字进行复制。对新添加的次要关键字进行设置，选择"学号"，"排序依据"选择"数值"，"次序"选择"升序"。选中对话框右上角的"数据包含标题"复选框。设置情况如图 6.26 所示，然后单击"确定"按钮，将弹出排序提醒对话框，选择"分别将数字和以文本形式存储的数字排序"选项，然后单击"确定"按钮，排序效果如图 6.27 所示。

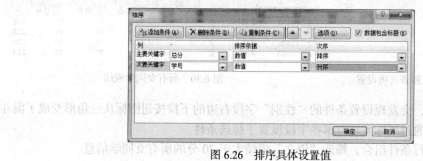

图 6.26　排序具体设置值

	A	B	C	D	E	F	G
1	学号	姓名	性别	数学	英语	语文	总分
2	10407	孙颐	男	81	64	91	236
3	10401	汪达	男	95	71	62	228
4	10406	钱铭	女	82	76	70	228
5	10404	周胄	男	72	73	82	227
6	10405	赵安顺	女	66	66	91	223
7	10403	李挚邦	女	65	71	80	216
8	10408	李利	女	85	77	51	213
9	10402	霍個仁	男	89	66	56	211
10							

图 6.27　排序效果

2. 数据筛选

（1）将表 sheet4 内容按照"学号"进行升序排序。

（2）鼠标定位于标题行中的任一单元格，我们这里点击 A1 单元格，然后单击"数据"选项卡"排序和筛选"选项组中的"筛选"按钮，第一行每个字段右边将出现一个下拉按钮，我们可以通过这些按钮进行筛选设置，具体效果如图 6.28 所示。

	A	B	C	D	E	F	G
1	学号	姓名	性别	数学	英语	语文	总分
2	10401	汪达	男	95	71	62	228
3	10402	霍侗仁	男	89	66	56	211
4	10403	李挚邦	女	65	71	80	216
5	10404	周胄	男	72	73	82	227
6	10405	赵安顺	女	66	66	91	223
7	10406	钱铭	女	82	76	70	228
8	10407	孙颐	男	81	64	91	236
9	10408	李利	女	85	77	51	213

图 6.28　单击"筛选"按钮后的效果

（3）我们筛选所有女同学的成绩，可以单击"性别"右边的下拉按钮，出现如图 6.29 所示的下拉列表选项，只选中"女"前面的复选框，然后单击"确定"按钮，将筛选出所有女同学的成绩，效果如图 6.30 所示。

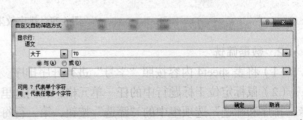

图 6.29　"性别"下拉列表选项设置　　　　　图 6.30　所有女同学成绩

注意观察图 6.30，会发现设置条件的"性别"字段右边的下拉按钮图标从三角形变成了漏斗形。这样，我们可以通过图标发现有哪些字段设置了筛选条件。

（4）我们可以进行条件组合，筛选"语文"成绩大于 70 分的所有女同学信息。

"性别"字段的设置如步骤（3）所示，我们单击"语文"字段的下拉按钮，选择"数字筛选"子菜单中的"大于"选项，如图 6.31 所示，将弹出对话框，如图 6.32 所示，我们选择"大于"，然后在右边输入 70，然后单击"确定"按钮，筛选后的结果如图 6.33 所示。

图 6.31　"语文"下拉按钮菜单选项　　　　　图 6.32　自定义自动筛选方式对话框

	A	B	C	D	E	F	G
1	学号 ▼	姓名 ▼	性别 ▼	数学 ▼	英语 ▼	语文 ▼	总分 ▼
4	10403	李挚邦	女	65	71	80	216
6	10405	赵安顺	女	66	66	91	223
10							

图 6.33　筛选女生成绩大于 70 分的结果

（5）取消自动筛选。

单击"数据"选项卡"排序和筛选"选项组中的"筛选"按钮，"筛选"按钮将退出突出显示状态。此时，表 sheet4 将恢复成未进行数据筛选前的状态。

（6）下面使用高级筛选方法，选出成绩高于 70 分的所有女同学记录。

在 I2：J3 这四个单元格中创建筛选条件，具体输入内容如图 6.34 所示。

	A	B	C	D	E	F	G	H	I	J
1	学号	姓名	性别	数学	英语	语文	总分			
2	10401	汪达	男	95	71	62	228		性别	语文
3	10402	霍倜仁	男	89	66	56	211		女	>70
4	10403	李挚邦	女	65	71	80	216			
5	10404	周胄	男	72	73	82	227			
6	10405	赵安顺	女	66	66	91	223			
7	10406	钱铭	女	82	76	70	228			
8	10407	孙颐	男	81	64	91	236			
9	10408	李利	女	85	77	51	213			
10										

图 6.34　创建高级筛选条件 1

（7）单击"数据"选项卡"排序和筛选"选项组中的"高级"按钮，将弹出高级筛选对话框，具体设置参数情况，如图 6.35 所示。

单击"确定"按钮之后，筛选结果如图 6.36 所示。

图 6.35　创建高级筛选条件 2

	A	B	C	D	E	F	G	H	I	J
1	学号	姓名	性别	数学	英语	语文	总分		性别	语文
2	10401	汪达	男	95	71	62	228		女	>70
3	10402	霍倜仁	男	89	66	56	211			
4	10403	李挚邦	女	65	71	80	216			
5	10404	周胄	男	72	73	82	227			
6	10405	赵安顺	女	66	66	91	223			
7	10406	钱铭	女	82	76	70	228			
8	10407	孙颐	男	81	64	91	236			
9	10408	李利	女	85	77	51	213			
10										
11										
12	学号	姓名	性别	数学	英语	语文	总分			
13	10403	李挚邦	女	65	71	80	216			
14	10405	赵安顺	女	66	66	91	223			
15										

图 6.36　高级筛选结果

（8）删除高级筛选。

创建高级筛选方式不同，删除方式也不同。在图 6.35 中，选择"将筛选结果复制到其他位置"选项创建的筛选结果，等同于单元格数据，采用删除单元格数据方法即可；选择"在原有区域显示筛选结果"选项创建的筛选结果，通过单击"数据"选项卡"排序和筛选"选项组中的"清除"按钮来删除。

3. 数据筛选

（1）打开前面建立的工作簿"第六章练习.xlsx"，通过复制工作表 sheet4 新建工作表 sheet5，内容如图 6.37 所示。

（2）根据"性别"字段进行升序排序，排序结果如图 6.38 所示。

	A	B	C	D	E	F	G
1	学号	姓名	性别	数学	英语	语文	总分
2	10401	汪达	男	95	71	62	228
3	10402	霍偶仁	男	89	66	56	211
4	10403	李挚邦	女	65	71	80	216
5	10404	周青	男	72	73	82	227
6	10405	赵安顺	女	66	66	91	223
7	10406	钱铭	女	82	76	70	228
8	10407	孙颐	男	81	64	91	236
9	10408	李利	女	85	77	51	213
10							

图 6.37　sheet5 工作表内容

	A	B	C	D	E	F	G
1	学号	姓名	性别	数学	英语	语文	总分
2	10401	汪达	男	95	71	62	228
3	10402	霍偶仁	男	89	66	56	211
4	10404	周青	男	72	73	82	227
5	10407	孙颐	男	81	64	91	236
6	10403	李挚邦	女	65	71	80	216
7	10405	赵安顺	女	66	66	91	223
8	10406	钱铭	女	82	76	70	228
9	10408	李利	女	85	77	51	213
10							

图 6.38　根据"性别"字段排序结果

（3）单击任一数据区内的单元格，然后单击"数据"选项卡"分级显示"选项组中的"分类汇总"按钮，弹出"分类汇总"对话框，如图 6.39 所示。

"分类字段"选择"性别"，"汇总方式"选择"求和"，"选定汇总项"选择"英语"和"总分"，选中"替换当前分类汇总"复选框和"汇总结果显示在数据下方"复选框，设置参数如图 6.40 所示。单击"确定"按钮，结果如图 6.41 所示。

图 6.39　"分类汇总"对话框

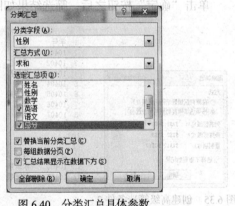

图 6.40　分类汇总具体参数

1 2 3		A	B	C	D	E	F	G
	1	学号	姓名	性别	数学	英语	语文	总分
	2	10401	汪达	男	95	71	62	228
	3	10402	霍偶仁	男	89	66	56	211
	4	10404	周青	男	72	73	82	227
	5	10407	孙颐	男	81	64	91	236
	6			男　汇总		274		902
	7	10403	李挚邦	女	65	71	80	216
	8	10405	赵安顺	女	66	66	91	223
	9	10406	钱铭	女	82	76	70	228
	10	10408	李利	女	85	77	51	213
	11			女　汇总		290		880
	12			总计		564		1782
	13							

图 6.41　分类汇总效果

（4）分级显示数据。在图 6.41 中，通过单击左边的缩放按钮可以进行分级显示。单击"2"下面的第一个"减号"按钮，可以将男生的详细信息隐藏起来，只显示男生的汇总信息，效果如图 6.42 所示。此时该"减号"按钮变成"加号"按钮，单击该"加号"按钮，可以将隐藏的信息显示出来。

	学号	姓名	性别	数学	英语	语文	总分
6			男 汇总		274		902
7	10403	李挚邦	女	65	71	80	216
8	10405	赵安顺	女	66	66	91	223
9	10406	钱铭	女	82	76	70	228
10	10408	李利	女	85	77	51	213
11			女 汇总		290		880
12			总计		564		1782
13							

图 6.42　只显示男生信息汇总

练习单击其他"减号"或"加号"按钮，查看隐藏或显示效果。

（5）删除分类汇总。选中分类汇总显示区中的任一单元格，单击"数据"选项卡"分级显示"选项组中的"分类汇总"按钮，弹出"分类汇总"对话框，单击"全部删除"按钮，分类汇总将被删除。

实验 6.4　窗口操作

实验目的

（1）掌握窗口冻结操作。
（2）掌握窗口拆分操作。

实验内容

（1）冻结窗口，取消冻结窗口。
（2）拆分窗口，取消拆分窗口。

实验步骤

1. 冻结窗口

（1）打开前面建立的工作簿"第六章练习.xlsx"，选择工作表 sheet3，录入如表 6.2 所示数据。

表 6.2　　　　　　　　　　　学生成绩表

学号	姓名	性别	数学	英语	语文	总分
10401	汪达	男	95	71	62	228
10402	霍倜仁	男	89	66	56	211
10403	李挚邦	女	65	71	80	216
10404	周胄	男	72	73	82	227
10405	赵安顺	女	66	66	91	223
10406	钱铭	女	82	76	70	228
10407	孙颐	男	81	64	91	236

学号	姓名	性别	数学	英语	语文	总分
10408	李利	女	85	77	51	213
10409	王强	男	87	89	87	263
10410	张世强	男	96	87	89	272
10411	李阳	女	67	96	65	228
10412	王江	男	84	67	72	223
10413	孙磊	男	91	84	66	241
10414	张望	男	63	81	82	226
10415	刘向前	男	78	65	81	224
10416	张东宇	男	66	72	71	209
10417	孙晓琴	女	95	66	73	234
10418	李旺铭	男	87	82	65	234
10419	吴东兴	男	66	85	77	228
10420	闵武亚	男	87	87	89	263
10421	蓝瞳	女	87	66	91	244
10422	杨颖	女	87	76	70	233
10423	程宇	女	96	64	91	251
10424	田小雨	女	67	77	51	195
10425	张玉嬿	女	72	73	82	227
10426	王东高	男	66	66	91	223
10427	韩雨轩	女	82	76	70	228
10428	张伟旺	男	81	64	91	236
10429	李翔	男	85	77	51	213
10430	李海光	男	87	89	87	263
10431	赵良玉	女	96	87	89	272
10432	田小明	男	67	96	65	228
10433	郑虎啸	男	84	67	72	223
10434	兰月英	女	91	84	66	241
10435	刘成刚	男	63	81	82	226
10436	姚婷玉	女	64	91	81	236
10437	张明	男	77	51	71	199
10438	柳亚敏	女	89	87	67	243
10439	周彤影	女	87	89	84	260
10440	赖文宇	男	85	63	81	229
10441	郑源	男	89	66	91	246
10442	徐雅丽	女	87	76	70	233
10443	龚雅璐	女	96	64	91	251

续表

学号	姓名	性别	数学	英语	语文	总分
10444	张东旭	男	67	77	73	217
10445	吴英东	男	87	67	65	219
10446	田璐亚	女	82	65	77	224
10447	丁玉英	女	85	77	89	251
10448	张强	男	87	89	91	267

（2）单击"视图"选项卡"窗口"选项组中的"冻结窗口"按钮，在弹出的菜单中选择"冻结首行"，拖动垂直滚动条，效果如图 6.43 所示。

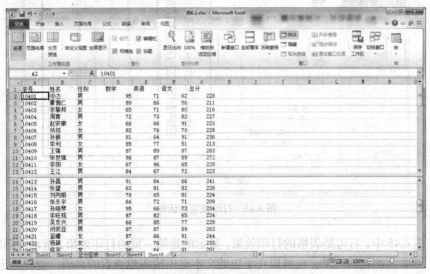

图 6.43　冻结首行效果

（3）取消冻结窗口。单击"视图"选项卡"窗口"选项组中的"冻结窗口"按钮，在弹出的菜单中选择"取消冻结窗格"。

2．拆分窗口

（1）选择工作表 sheet3，选择 A14 单元格，单击"视图"选项卡"窗口"选项组中的"拆分"按钮，窗口被拆分成上下两个水平窗口，效果如图 6.44 所示。

图 6.44　拆分窗口效果

（2）取消拆分窗口效果。单击"视图"选项卡"窗口"选项组中的"拆分"按钮，"拆分"按钮退出突出显示状态，窗口恢复成单一窗口状态。

实验 6.5　工作表的预览和打印

实验目的

（1）掌握打印预览。
（2）掌握打印设置。

实验内容

（1）打印预览。
（2）打印设置。

实验步骤

1．打印预览

（1）打开实验 6.4 中完成的工作表 sheet3。
（2）选择"文件"选项卡，在左侧选择"打印"，右侧窗口出现打印相关内容，如图 6.45 所示。

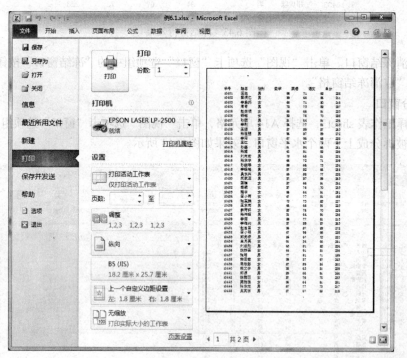

图 6.45　打印预览对话框

（3）在图 6.45 中，右边是表格的打印效果，显示的是第一页的打印效果，拖动右侧的滚动条，可以翻页，查看其他页的效果；也可以在下边的文本框中输入想查看的页码，查看指定页的打印效果。

2. 打印设置

（1）在图 6.45 中，可以设置需要打印的份数；如果有多个打印机时，可以通过下拉列表选择使用哪个打印机打印。

在"设置"选项组中，可以设定打印范围、纸张方向是横向还是纵向，设置纸张大小。这些设置也可以通过"页面布局"选项卡"页面设置"选项组中的相应按钮进行。

（2）当表格多于一页时，第二页打印内容由于没有了标题行，看起来不方便，可以通过设置实现每页都打印单元标题行。

单击"页面布局"选项卡"页面设置"选项组中的"打印标题"按钮，弹出"页面设置"对话框，如图 6.46 所示。

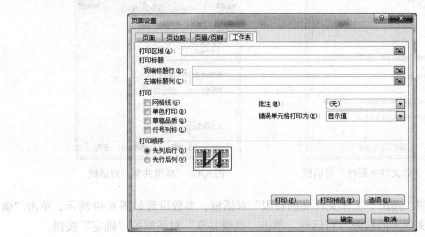

图 6.46 "页面设置"对话框

如果需要打印行标题，需要设置顶端标题，如果还需要打印列标题，则需要设置左端标题。我们这里只需要打印行标题，故只需设置顶端标题即可。单击"顶端标题行"右边的缩放按钮选择标题行部分，或者直接输入标题行区域。这里输入"$1:$1"（含义第一行到第一行为标题部分），单击"确定"按钮。

可以通过打印预览查看添加标题行的效果。

（3）如果想取消标题行效果，只需将图 6.46 中的"顶端标题行"和"左端标题列"右侧的文本框中的内容删除即可。

实验 6.6　共享工作簿

实验目的

掌握共享工作簿。

实验内容

共享修改工作簿。

实验步骤

（1）设置网络环境，保证工作的几台计算机可以相互访问。

（2）以两人通过共享工作簿方式进行文件修改为例练习共享工作簿，多人情况与此类似。假定两台机器分别为机器 A、机器 B。

（3）在机器 A 中建立一个文件夹，命名为"工作文件夹"，鼠标右键单击该文件夹选择"属性"，在弹出的"工作文件夹属性"对话框中选择"共享"标签，如图 6.47 所示。

单击"高级共享"按钮弹出"高级共享"对话框，选择"共享此文件夹"复选框，如图 6.48 所示。

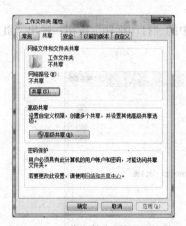

图 6.47　"工作文件夹属性"对话框

图 6.48　"高级共享"对话框

单击"权限"按钮，弹出"工作文件夹的权限"对话框，参数设置如图 6.49 所示，单击"确定"按钮关闭"工作文件夹的权限"对话框。单击"高级共享"对话框的"确定"按钮。

图 6.49　"工作文件夹的权限"对话框

1	学生成绩单						
2	学号	姓名	性别	数学	英语	语文	总分
3	10407	孙颐	男	81	64	91	
4	10406	钱铭	女	82	76	70	
5	10401	汪达	男	95	71	62	
6	10404	周胄	男	72	73	82	
7	10405	赵安顺	女	66	66	91	
8	10403	李肇邦	女	65	71	80	
9	10408	李利	女	85	77	51	
10	10402	霍佃仁	男	89	66	56	

图 6.50　"学生信息表"内容

单击"工作文件夹属性"对话框的"确定"按钮。

（4）打开"工作文件夹"，建立一个工作簿文件，命名为"学生信息表.xlsx"，并打开此文件。输入如图 6.50 所示的内容。

（5）选择"审阅"选项卡，单击"更改"选项组中的"共享工作簿"按钮。弹出"共享工作簿"对话框。在"编辑"标签中，选中"允许多用户同时编辑，同时允许工作簿合并"复选框，如图 6.51 所示。

（6）在图 6.51 中的"高级"标签中，根据需要，设置修订等相关设置。这里使用默认选项，在"更新"组中默认选项是"保存文件时"。单击"确定"按钮，弹出确认对话框，如图 6.52 所示。

图 6.51　"共享工作簿"对话框

图 6.52　确认对话框

（7）此时 Excel 2010 标题栏的文件名位置将多出"[共享]"字样，如图 6.53 所示，共享工作簿设置完成。

（8）主机 B 的协同人员就可以访问工作簿，并进行相关操作了。添加公式计算总分，操作完成单击"保存"按钮，将改动保存。

（9）主机 A 用户单击"保存"按钮后，弹出提醒信息窗口，告知发生变更，如图 6.54 所示。对方变更部分会用其他颜色显示，如图 6.55 所示。

图 6.53　共享后的标题栏

图 6.54　"更新"确认对话框

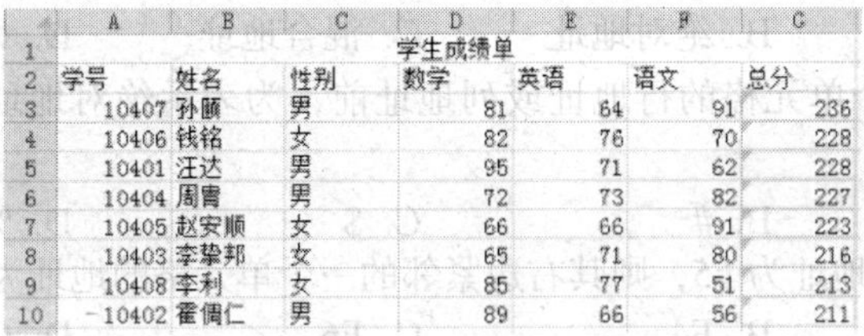

图 6.55　主机 B 用户更改后的数据

（10）主机 B 用户将 E3 单元格内容改为 69，单击"保存"按钮，将改动保存。然后，主机 A 用户将该单元格内容改为 88，然后单击"保存"按钮。此时会弹出窗口询问接受哪一方的修改，如图 6.56 所示。

图 6.56　更改通知对话框

图 6.57　更改确认对话框

主机 A 用户根据情况决定接受其他用户的修改，单击"接受其他用户"按钮，会弹出窗口，告知发生变更，如图 6.57 所示，对方变更部分会以其他颜色显示，如图 6.58 所示。

图 6.58 "接受其他用户"的效果

（11）录入操作结束之后，取消共享。单击"审阅"选项卡"更改"选项组的"共享工作簿"按钮，将"编辑"标签中的"允许多用户同时编辑，同时允许工作簿合并"复选框取消选中状态即可。注意，文档处于共享状态时，无法进行图表操作。

习题 6

一、选择题

1. 在 Excel 中，不正确的单元格地址是（   ）。
   A. C$66　　　　　　B. $C66　　　　　　C. C6$6　　　　　　D. $C66

2. 在 Excel 中，如果一个单元格中的信息是以"="开头，则说明该单元格中的信息是（   ）。
   A. 常数　　　　　　B. 公式　　　　　　C. 提示信息　　　　D. 无效数据

3. 在 Excel 中，假定一个单元格所存入的公式为"=13*2+7"，则当该单元格处于非编辑状态时显示的内容为（   ）。
   A. $13 \times 2+7$　　　B. =13 × 2+7　　　C. 33　　　　　　　D. =33

4. 假定一个单元格的地址为$D$25，则此地址的类型是（   ）。
   A. 相对地址　　　　B. 绝对地址　　　　C. 混合地址　　　　D. 以上答案均不对

5. 在 Excel 中一个单元格的行地址或列地址前，为表示绝对地址引用应该加上的符号是（   ）。
   A. @　　　　　　　B. #　　　　　　　C. $　　　　　　　D. %

6. 若一个单元格的地址为 F5，则其右边紧邻的一个单元格的地址为（   ）。
   A. E5　　　　　　　B. F4　　　　　　　C. F6　　　　　　　D. G5

7. 在 Excel 中，如 A4 单元格的值为 99，在 A5 单元格中输入公式"=A4>100"，A5 单元格的值是（   ）。
   A. 0　　　　　　　B. 200　　　　　　C. TRUE　　　　　D. FALSE

8. 在 Excel 中，创建公式的操作步骤有：①在编辑栏键入"="；②键入公式；③按 Enter 键；④选择需要建立公式的单元格。其正确的顺序是（   ）。
   A. ①②③④　　　　B. ④①③②　　　　C. ④①②③　　　　D. ④③①②

9. 在 Excel 中，向单元格输入公式时应先键入（   ）。
   A. :　　　　　　　B. =　　　　　　　C. ! =　　　　　　D. ;

10. 在 Excel 中，公式所使用的运算符一般包括哪些？（   ）。
    A. 算术运算符　　　B. 关系运算符　　　C. 括号　　　　　　D. 以上都对

11. 在 Excel 的某单元格内输入了一个公式后，单元格的显示为"######"，是因为（   ）。
    A. 所得结果没有意义　　　　　　　　B. 所得结果长度超过了列宽
    C. 公式输入有误　　　　　　　　　　D. 所得结果被隐藏

12. 在 Excel 中输入公式时，如出现"#REF!"提示，表示（   ）。

　　　　A. 运算符号有错　　　　　　　　　　B. 没有可用的数值

　　　　C. 某个数字出错　　　　　　　　　　D. 引用了无效的单元格

13. 在 Excel 中，公式输入完后应按（　　　）。

　　　　A. Enter　　　　　　　　　　　　　B. Ctrl + Enter

　　　　C. Shift + Enter　　　　　　　　　　D. Ctrl + Shift + Enter

14. 在 Excel 的编辑栏中，显示的公式或内容是（　　　）。

　　　　A. 上一单元格的　　B. 当前行的　　　C. 当前列的　　　D. 当前单元格的

15. 已知工作表中 C3 单元格的值为 99，D4 单元格的值为 100，C4 单元格中为公式 "=C3=D4"，
　　　则 C4 单元格显示的内容为（　　　）。

　　　　A. C3=D4　　　　　B. TRUE　　　　　C. FALSE　　　　　D. 0

16. 在 Excel 中，运算符的作用是（　　　）。

　　　　A. 用于指定对操作数或单元格引用数据执行何种运算

　　　　B. 对数据进行分类

　　　　C. 对引用的单元格中的数据进行求和运算

　　　　D. 公式中必须出现的符号，仅限算术运算符

17. 关于 EXCEL 单元格中的公式的说法，不正确的是（　　　）。

　　　　A. 只能显示公式的值，不能显示公式

　　　　B. 能自动计算公式的值

　　　　C. 公式值随所引用的单元格的值的变化而变

　　　　D. 公式中可以引用其他工作簿/表中的单元格

18. 现已在 Excel 2010 某工作表的 B 列输入了一系列数据，并知 C 列数据是 B 列数据的 25%，
　　　在 C2 单元格中输入下列公式后，不能满足该计算要求的是（　　　）。

　　　　A. =B2*25%　　　　B. =B2*0.25　　　　C. =B2*25/100　　　D. =B2*25

19. 在 Excel 中，运算公式的一般形式为（　　　）。

　　　　A. 表达式　　　　　B. :表达式　　　　　C. =表达式　　　　　D. >表达式

20. 在 Excel 中，一个公式允许使用（　　　）层圆括号。

　　　　A. 一　　　　　　　B. 二　　　　　　　C. 三　　　　　　　D. 多

21. 在 Excel 中，如果公式使用了多层括号，则计算的顺序为（　　　）。

　　　　A. 先外层，后内层　　　　　　　　　　B. 可以先内层，也可以先外层

　　　　C. 先内层，后外层　　　　　　　　　　D. 以上均不对

22. 在 Excel 中，在某单元格内输入 = 5 > = 3 确定后，单元格内显示（　　　）。

　　　　A. 0　　　　　　　　B. 1　　　　　　　C. TRUE　　　　　　D. FALSE

23. 在 Excel 中，在单元格 A1 中输入数值 99，与它不相等的表达式是（　　　）。

　　　　A. =9900%　　　　　B. =99/1　　　　　C. 990　　　　　　D. 99

24. 在 Excel 操作中，某公式中引用了一组单元格，它们是（C3:D7, A1:F1），该公式引用的
　　　单元格总数为（　　　）。

　　　　A. 4　　　　　　　　B. 12　　　　　　　C. 16　　　　　　　D. 22

25. 在 Excel 中，在进行公式复制时哪个地址会发生变化？（　　　）。

　　　　A. 相对地址中的地址偏移量　　　　　　B. 相对地址中所引用的单元格

　　　　C. 绝对地址中的地址表达式　　　　　　D. 绝对地址中所引用的单元格

26. 在 Excel 中，要使 B5 单元格中的数据为 A2 和 A3 单元格中数据之和，而且 B5 单元格中
　　　的公式被复制到其他位置时不改变这一结果，可在 B5 单元格中输入公式（　　　）。

　　　　A. =$A$2+$A$3　　B. =A2+A3　　　　C. =A:2+A:3　　　　D. =SUM（A2:A3）

27. 关于 Excel 单元格中的公式的说法，不正确的是（　　　）。

    A. 只能显示公式，不能显示公式的值　　B. 可以不自动计算公式的值

    C. 公式中可以使用相对地址　　　　　　D. 公式中可以使用数值

28. 在 Excel 的公式运算中，如果要引用第 6 行第 4 列的单元格，行地址为绝对地址，列地址为相对地址，则地址表示为（　　　）。

    A. D$6　　　　　　B. D6　　　　　　C. $D$6　　　　　　D. $D6

29. 在 Excel 中，对单元格地址绝对引用，正确的方法是（　　　）。

    A. 在单元格地址前加 "$"

    B. 在单元格地址后加 "$"

    C. 在构成单元格地址的字母和数字前分别加$

    D. 在构成单元格地址的字母和数字间加$

30. 在 Excel 中，如果要在同一行或同一列的连续单元格使用相同的计算公式，可以先在第一单元格中输入公式，然后用鼠标拖动单元格的（　　　）来实现公式复制。

    A. 列标　　　　　　B. 行标　　　　　　C. 填充柄　　　　　　D. 框

31. 绝对地址被复制到其他单元格时，其单元格地址（　　　）。

    A. 不变　　　　　B. 部分变化　　　　　C. 发生改变　　　　　D. 不能复制

32. 在 Excel 公式复制时，为使公式中的（　　　），必须使用绝对地址引用。

    A. 单元格地址随新位置而变化　　　　B. 范围随新位置而变化

    C. 范围不随新位置而变化　　　　　　D. 范围大小随新位置而变化

33. 将 C3 单元格的公式 "=A2-$B3+C1" 复制到 D4 单元格，则 D4 单元格中的公式是（　　　）。

    A. =A2-$B4+D2　　B. =B3-$B4+D2　　C. =A2-$B3+C1　　D. =B3-$B3+D2

34. 在 Excel 的 "公式" 选项卡中，Σ是（　　　）按钮。

    A. 函数向导　　　　B. 自动求和　　　　C. 升序　　　　D. 保存

35. 在 Excel 中，如果 A1：A5 单元格的值依次为 100、200、300、400、500，那么 MAX（A1：A5）=（　　　）。

    A. 300　　　　　　B. 500　　　　　　C. 1200　　　　　　D. 1500

36. Excel 的工作表，要求出 A2 到 A6 区域的和，并将求得的和存放到选中的单元格中，可以键入（　　　）。

    A. =SUM（A2，A6）　　　　　　　　B. =SUM（A2：A6）

    C. SUM（A2：A6）　　　　　　　　　D. SUM（A2，A6）

37. 在 Excel 中，要求 A1、A2、A3 单元格中数据的平均值，并在 B1 单元格公式中显示出来，下列公式错误的是（　　　）。

    A. =（A1+A2+A3）/3　　　　　　　B. =SUM（A1：A3）/3

    C. =AVERAGE（A1：A3）　　　　　D. =AVERAGE（A1：A2：A3）

38. 在 Excel 中，公式 SUM（C2：C6）的作用是（　　　）。

    A. 求 C2 到 C6 这五个单元格数据的总和

    B. 求 C2 和 C6 这两个单元格数据的总和

    C. 求 C2 和 C6 这两个单元格的比值

    D. 以上说法都不对

39. 在 Excel 中，下列说法不正确的是（　　　）。

    A. 每个工作簿可以由多个工作表组成

    B. 输入的字符不能超过单元格的宽度

C. 每个工作表由 256 列，65536 行组成

D. 单元格中输入的内容可以是文字、数字、公式

40. 在 Excel 中使用函数时，多个函数参数之间必须用（　　）分隔。

A. 圆点   B. 逗号   C. 分号   D. 竖杠

41. 在 Excel 中，要求出 A1、A2、A6 单元格中数据的平均值，在 B1 单元格显示出来，应在 B1 单元格中输入公式（　　）。

A. =AVERAGE（A1：A6）   B. =AVERAGE（A1，A2，A6）

C. =SUM（A1：A6）/3   D. =AVERAGE（A1，A6）

42. 已知 A1 单元格中的公式为 = AVERAGE（Bl:F6），将 B 列删除之后，A1 单元格中的公式将调整为（　　）。

A. =AVERAGE（＃REF!）   B. =AVERAGE（C1:F6）

C. =AVERAGE（B1:E6）   D. =AVERAGE（B1:F6）

43. 在 Excel 操作中，假设在 B5 单元格中存有一个公式为 SUM（B2:B4），将其复制到 D5 后，公式将变成（　　）。

A. SUM（B2:B4）   B. SUM（B2:D4）

C. SUM（D2:D4）   D. SUM（D2:B4）

44. 下面是几个常用的函数名，其中功能描述错误的是（　　）。

A. SUM 用来求和   B. AVERAGE 用来求平均值

C. MAX 用来求最小值   D. MIN 用来求最小值

45. 在工作表中，已知 B3 单元格的数值为 20，若在 C3 单元格输入 "=B3+8"，在 D4 单元格输入 "=$B3+8"，则（　　）。

A. C3 单元格与 D4 单元格的值都是 28

B. C3 单元格的值不能确定，D4 单元格的值是 28

C. C3 单元格的值不能确定，D4 单元格的值是 8

D. C3 单元格的值是 20，D4 单元格的值不能确定

46. 在 Excel 中，如果单元格 A5 的值是单元格 A1、A2、A3、A4 的平均值，则不正确的输入公式为（　　）。

A. =AVERAGE（A1:A4）   B. =AVERAGE（A1，A2，A3，A4）

C. =（A1+A2+A3+A4）/4   D. =AVERAGE（A1+A2+A3+A4）

47. （　　）可以作为函数的参数。

A. 单元格   B. 区域   C. 数字   D. 以上答案均可

48. 在 Excel 中，可以将公式 "=B1+B2+B3+B4" 转换为（　　）。

A. SUM（B1：B5）   B. =SUM（B1：B4）

C. =SUM（B1：B5）   D. SUM（B1：B4）

49. 在 Excel 中，要返回一组参数的最小值，应当使用的函数为（　　）。

A. SUM   B. ABS   C. MAX   D. MIN

50. Excel 中 MAX 函数的功能是（　　）。

A. 计算区域内所有单元格数据的和   B. 计算区域内所有单元格数据的平均值

C. 统计区域内数据的个数   D. 返回区域内所有单元格数据中的最大值

51. Excel 中 COUNT 函数的功能是（　　）。

A. 计算区域内所有单元格数据的和   B. 计算区域内所有单元格数据的平均值

C. 统计区域内数据的个数   D. 返回区域内所有单元格数据中的最小值

52. 在 Excel 操作中，在 A1 输入 = COUNT（"A1"，1，2），其函数值等于（　　）。
    A. 0　　　　　　　　B. 1　　　　　　　　C. 2　　　　　　　　D. 3

53. 在 Excel 中，"<>" 是一种（　　）运算符。
    A. 算术　　　　　　B. 引用　　　　　　C. 逻辑　　　　　　D. 关系

54. 在 Excel 中，对指定区域 C2∶C4 求平均值的函数是（　　）。
    A. SUM（C2:C4）　　　　　　　　　　B. AVERAGE（C2:C4）
    C. MAX（C2:C4）　　　　　　　　　　D. MIN（C2:C4）

55. Excel 工作簿中既有一般工作表又有图表，当执行"保存"操作时，则（　　）。
    A. 只保存工作表文件
    B. 只保存图表文
    C. 分成两个文件来保存
    D. 将一般工作表和图表作为一个文件来保存

56. 在 Excel 的图表中，水平 x 轴通常用来作为（　　）。
    A. 排序轴　　　　　B. 分类轴　　　　　C. 数值轴　　　　　D. 时间轴

57. 关于 Excel 中创建图表，叙述正确的是（　　）。
    A. 嵌入式图表建在工作表之内，与数据同时显示
    B. 创建图表之后，便不能修改图表样式
    C. 创建图表之后，便不能修改图表内容
    D. 嵌入式图表建在工作表之外，与数据分开显示

58. 在 Excel 2010 中，下面关于图表的说法，不正确的是（　　）。
    A. 图表可以使数据易于阅读　　　　　B. 图表可以使数据易于评价
    C. 不能帮助用户比较数据　　　　　　D. 可以帮助用户更方便地分析数据

59. 在 Excel 2010 中，图表的显著特点是工作表中的数据变化时，图表（　　）。
    A. 随之变化　　　B. 不出现变化　　　C. 自然消失　　　D. 生成新图表，保留原图表

60. 有关 EXCEL 嵌入式图表，下面表述不正确的是（　　）。
    A. 对生成后的图表进行编辑时，首先要选中图表
    B. 图表生成后不能改变图表类型，如三维变二维
    C. 表格数据修改后，相应的图表数据也随之变化
    D. 图表生成后可以向图表中添加新的数据

61. 有关 EXCEL 图表，下面表述正确的是（　　）。
    A. 要往图表增加一个系列，必须重新建立图表
    B. 修改了图表数据源单元格的数据，图表会自动跟着刷新
    C. 要修改图表的类型，必须重新建立图表
    D. 修改了图表坐标轴的字体、字号，坐标轴标题就自动跟着变化

62. 在 Excel 中，关于工作表及为其建立的嵌入式图表的说法，正确的是（　　）。
    A. 删除工作表中的数据，图表中的数据系列不会删除
    B. 增加工作表中的数据，图表中的数据系列不会增加
    C. 修改工作表中的数据，图表中的数据系列不会修改
    D. 以上均不正确

63. 下列关于 Excel 图表的说法，正确的是（　　）。
    A. 图表不能嵌入在当前工作表中，只能作为新工作表保存
    B. 无法从工作表中产生图表
    C. 图表只能嵌入在当前工作表中，不能作为新工作表保存
    D. 图表既可以嵌入在当前工作表中，也能作为新工作表保存

64. 图表是按表格中数据进行绘制的，当表格中的数据发生变化时，已经制作好的图表（　　　）。
　　A. 自动消失，必须重新制作
　　B. 仍保存原样，必须重新制作
　　C. 会发生不可预测的变化，必须重新制作
　　D. 会自动随着改变，不必重新制作

65. 在 Excel 中，图表是（　　　）。
　　A. 用户通过"插入"选项卡中的"形状"绘制的特殊图形
　　B. 由数据清单生成的用于形象表现数据的图形
　　C. 由数据透视表派生的特殊表格
　　D. 一种将表格与图形混排的对象

66. 在 Excel 中，删除与图表对应的数据，图表将（　　　）。
　　A. 自动删除与数据相对应的部分　　　B. 被删除
　　C. 不会发生变化　　　　　　　　　　D. 以上均不对

67. 关于创建图表，下列说法不正确的是（　　　）。
　　A. 创建图表除了嵌入式图表、图表工作表之外，还可以手工绘制
　　B. 嵌入式图表是将图表与数据同时置于一个工作表内
　　C. 单独式图表与数据分别安排在两个工作表中
　　D. 图表创建之后，可以对图表类型等进行编辑

68. 在 Excel 中，关于"图表工具"的"设计"选项卡中的"移动图表位置"的说法正确的是（　　　）。
　　A. 图表只能存放在新的工作表中
　　B. 图表只能嵌入在工作表中
　　C. 图表只能存放在其他的工作簿中
　　D. 图表可以存放在新工作表中，也可以嵌入工作表中

69. 在 Excel 中，下面表述正确的是（　　　）。
　　A. 如果要修改图表中的数据，必须重新建立图表
　　B. 图表中数据可以修改
　　C. 图表中数据不可以修改
　　D. 修改图表中的数据是需要条件的

70. 在 Excel 中，下列说法不正确的是（　　　）。
　　A. 可以对图表进行缩放
　　B. 将单元格的数据以图表形式显示
　　C. 建立图表前如果没有选取图表数据，可以在以后添加
　　D. 工作表的数据源发生变化时，图表对应部分不能自动更新

71. 在 Excel 2010 中，通常一次排序的参照关键字（　　　）。
　　A. 只能有一个关键字
　　B. 只能有两个关键字：主关键字和次关键字
　　C. 最多只能有三个关键字：主关键字和两个次关键字
　　D. 根据用户需要决定，可以有一个主关键字和若干个次关键字

72. 在 Excel 2010 中，一般一次排序的参照关键字最多可以是（　　　）。
　　A. 1　　　　　　　　B. 2　　　　　　　　C. 3　　　　　　　　D. 64

73. 在 Excel 的 "数据" 选项卡中有两个按钮 和 ，它们分别是（　　）按钮和（　　）按钮。
    A. 升序　降序　　　B. 降序　升序　　　C. 排序　筛选　　　D. 以上答案均不对

74. 某工作表第一行数据为标题行，在排序时选取 "数据包含标题" 选项，则排序后标题行在工作表数据清单中将（　　）。
    A. 总出现在第一行
    B. 总出现在最后一行
    C. 依指定的排序顺序决定其出现的位置
    D. 总不显示

75. 下列（　　）不能对数据表排序。
    A. 单击数据区中任何一个单元格，然后单击 "数据" 选项卡中的 "升序" 或 "降序" 按钮
    B. 选择要排序的数据区域，然后单击 "数据" 选项卡中的 "升序" 或 "降序" 按钮
    C. 选择要排序的数据区域，然后使用 "数据" 选项卡中的 "排序" 命令
    D. 选择要排序的数据区域，然后使用 "审阅" 选项卡中的 "排序" 命令

76. 在 Excel 中，如果只需要数据列表中记录的一部分时，可以使用 Excel 提供的（　　）功能。
    A. 排序　　　　　　B. 自动筛选　　　C. 分类汇总　　　D. 以上均对

77. 使用 Excel 的数据筛选功能，是（　　）。
    A. 将满足条件的记录显示出来，而删除掉不满足条件的数据
    B. 将不满足条件的记录暂时隐藏起来，只显示满足条件的数据
    C. 将不满足条件的数据用另外一个工作表保存起来
    D. 将满足条件的数据突出显示

78. 在 Excel 的高级筛选中，条件区域中同一行的条件是（　　）。
    A. 或的关系　　　　B. 与的关系　　　C. 非的关系　　　D. 异或的关系

79. 在 Excel 的高级筛选中，条件区域中不同行的条件是（　　）。
    A. 或的关系　　　　B. 与的关系　　　C. 非的关系　　　D. 异或的关系

80. 对 Excel 的自动筛选功能，下列叙述中错误的是（　　）。
    A. 使用自动筛选功能筛选数据时，将隐藏不满足条件的行
    B. 使用自动筛选功能筛选数据时，将删除不满足条件的行
    C. 设置了自动筛选的条件后，可以取消筛选条件，显示所有数据行
    D. 执行自动筛选后，可以再次选择 "数据" 选项卡 "排序和筛选" 选项组中的 "筛选" 按钮，取消自动筛选

81. 对 Excel 的分类汇总功能，下列叙述中正确的是（　　）。
    A. 在分类汇总之前需要按分类的字段对数据排序
    B. 在分类汇总之前不需要按分类的字段对数据排序
    C. Excel 的分类汇总方式是求和
    D. 可以使用删除行的操作来取消分类汇总的结果，恢复原来的数据

82. 关于筛选，叙述正确的是（　　）。
    A. 自动筛选可以同时显示数据清单和筛选结果
    B. 高级筛选不能进行更复杂条件的筛选
    C. 高级筛选不需要建立条件区，只有数据清单就可以了
    D. 高级筛选可以将筛选结果放在指定的区域

83. 在某一列有 1、2、3、……、12 共 12 个数据，点击 "数据" 选项卡 "排序和筛选" 选项组中的 "筛选" 按钮后出现下拉箭头，如果选择下拉箭头中的 "9"，则（　　）。

A. 12 个数据只剩下 9 个数据　　　　　B. 12 个数据只剩下 3 个数据

C. 12 个数据只剩下 "9" 这个数据　　　D. 12 个数据全部消失

84. 在 Excel 中执行 "自动筛选" 操作后，表格中未显示的数据（　　　）。

    A. 已被删除，不能再恢复　　　　　　B. 被隐藏起来，但未被删除

    C. 已被删除，但可以恢复　　　　　　D. 以上答案均不对

85. Excel 不仅具有制表功能，而且还提供了（　　　）功能。

    A. 数据筛选和制作幻灯片　　　　　　B. 数据排序和收发电子邮件

    C. 数据筛选和分类汇总　　　　　　　D. 数据汇总和数据查错

86. 用筛选条件 "数学>65 或总分>250" 对成绩数据表进行筛选后，在筛选结果中都是（　　　）。

    A. 数学>65 的记录　　　　　　　　　B. 数学>65 且总分>250 的记录

    C. 总分>250 的记录　　　　　　　　　D. 数学>65 或总分>250 的记录

87. 在 Excel 中，哪一个关于分类汇总的说法是正确的？（　　　）

    A. 下一次分类汇总总要替换上一次分类汇总

    B. 分类汇总可以嵌套

    C. 只能设置一项汇总

    D. 分类汇总不能被删除

88. 在 Excel 中，对数据清单进行分类汇总之前必须先（　　　）。

    A. 使数据库中的数据无序　　　　　　B. 设置筛选条件

    C. 对数据库的分类字段进行排序　　　D. 使用记录单

89. Excel 中，下面关于分类汇总的叙述，错误的是（　　　）。

    A. 分类汇总前必须按关键字进行排序

    B. 汇总方式只能是求和

    C. 分类汇总的分类字段只能有一个字段

    D. 分类汇总可以被删除，但删除汇总后排序操作不能撤销

90. 在 Excel 的数据清单中，按某一字段内容进行归类，并对每一类做出统计的操作是（　　　）。

    A. 分类排序　　　　B. 分类汇总　　　　C. 筛选　　　　　　D. 创建图表

91. 在 Excel 中，只需要显示数据列表中的一部分数据而暂时隐藏其他数据时，可以使用（　　　）。

    A. 排序　　　　　　B. 自动筛选　　　　C. 分类汇总　　　　D. 以上答案均对

92. 下面哪项不是 Excel 的功能？（　　　）。

    A. 排序　　　　　　B. 邮件合并　　　　C. 筛选　　　　　　D. 分类汇总

93. 在 Excel 中，取消所有自动分类汇总的操作是（　　　）。

    A. 单击 Excel 的关闭按钮

    B. 单击 "开始" 选项卡中的 "删除" 按钮

    C. 在分类汇总对话框中单击 "全部删除" 按钮

    D. 按 Del 键

94. Excel 2010 的窗口冻结的形式包括（　　　）。

    A. 冻结首行　　　　　　　　　　　　B. 冻结首列

    C. 冻结拆分窗格　　　　　　　　　　D. 以上都对

95. 在 Excel 中，冻结当前工作表的首行可使用的命令是在（　　　）中。

    A. "编辑" 选项卡　　　　　　　　　　B. "视图" 选项卡

    C. "格式" 选项卡　　　　　　　　　　D. "窗口" 选项卡

96. 在 Excel 2010 中，窗口拆分可以有哪些拆分形式？（　　　）。

    A. 水平拆分   B. 垂直拆分

    C. 水平、垂直同时拆分   D. 以上都对

97. 在 Excel 2010 中，可以根据需要拆分窗口，最多可以将一张工作表拆分为（   ）个窗口。

    A. 2   B. 3   C. 4   D. 任意多

98. 在 Excel 中，拆分工作表的目的是（   ）。

    A. 把一个大的工作表分成两个或多个小的工作表

    B. 把工作表分成多个小的工作表，便于管理

    C. 把表的内容分成两个部分存放

    D. 工作表很大时，用户可以通过拆分工作表的方法，同时看到工作表的不同部分

99. 在 Excel 2010 中，"页面设置"组中的"纸张方向"只有（   ）。

    A. 纵向和垂直   B. 纵向和横向   C. 横向和垂直   D. 垂直和平行

100. 在 Excel 2010 中，"页面设置"对话框中的"页边距"标签上的居中方式有（   ）。

    A. 垂直   B. 水平   C. 水平和垂直   D. 以上都不对

二、判断题

1. 在 Excel 中单元格只能显示由公式计算的结果，而不能显示输入的公式。（   ）

2. 在 Excel 中，对数据可进行分类汇总，在进行分类汇总之前，不必对分类字段排序。（   ）

3. 在 Excel 中，若只需打印工作表的部分数据，应先把它们复制到一张单独的工作表中。（   ）

4. 在 Excel 中进行单元格复制时，无论单元格是什么内容，复制出来的内容与原单元格是完全一致的。（   ）

5. 在 Excel 表中的数据更新后，它对应的图表自动会更新。（   ）

6. 如果向单元格中输入公式时，要先输入等号。（   ）

7. 嵌入式图表不能单独打印，单独式图表可以单独打印。（   ）

8. 公式的相对引用和绝对引用是一样的概念。（   ）

9. 图表一旦创建后，位置就不能改变了。（   ）

10. 在 Excel 中只能对一列字段进行排序。（   ）

11. 在 Excel 中自动筛选不能自定义筛选条件。（   ）

12. 在 Excel 中高级筛选可以把筛选出来的数据放到指定的数据区域。（   ）

13. 在 Excel 中公式的相对引用是在单元格地址前加$符号。（   ）

14. 在 Excel 中可以通过指定打印区域来设置打印的范围。（   ）

15. 在 Excel 中创建图表时，无须选择数据区域，Excel 会自动检测。（   ）

16. 在 Excel 中已经创建的图表，不能再修改图表的标题。（   ）

17. 在 Excel 中排序前要将光标定位在需要排序的区域内。（   ）

18. 在 Excel 中不能设置行列的打印先后顺序。（   ）

19. 在 Excel 中使用自动插入公式的时候不需指定参数。（   ）

20. 在 Excel 中嵌入式图表一旦创建就不能再修改图表类型。（   ）

第7章
演示文稿制作软件 PowerPoint 基础

实验 7.1　建立新的演示文稿

实验目的

（1）掌握 PowerPoint 的启动和退出方法。

（2）了解 PowerPoint 的操作环境。

（3）了解演示文稿建立的方法和过程。

实验内容

（1）启动 PowerPoint，熟悉 PowerPoint 工作窗口。

（2）新建演示文稿，并保存。

（3）退出 PowerPoint。

实验步骤

1. 启动 PowerPoint

（1）单击"开始"，从"所有程序"选择"Microsoft PowerPoint"命令。

（2）在 Windows 的"资源管理器"或"我的电脑"中，双击任何一个 PowerPoint 2010 演示文稿文件，可启动 PowerPoint 2010 并打开该文件。

（3）通过快捷方式启动 PowerPoint 2010。双击桌面上的 PowerPoint 2010 图标，就可启动 PowerPoint 2010。

2. 新建并保存演示文稿

（1）启动 PowerPoint 后，会自动新建一个演示文稿，默认名字为"演示文稿1"，里面包含一张标题幻灯片。

（2）单击"开始"选项卡，在"幻灯片"组中 4 次单击"新建幻灯片"，可连续添加 4 张"标题和内容"版式的幻灯片。

（3）单击"文件"选项卡中的"保存"命令，在图 7.1 所示的"另存为"对话框中，选择保存位置，并输入文件名"白鳍豚介绍"，单击"保存"按钮来保存新建的演示文稿。

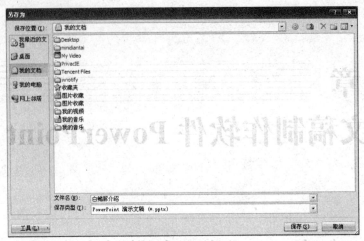

图 7.1　保存演示文稿

3. 退出 PowerPoint

（1）选择"文件"选项卡中的"退出"命令。

（2）按 Alt+F4 组合键。

（3）单击 PowerPoint 标题栏右上角的关闭按钮。

实验 7.2　打开演示文稿并进行编辑

实验目的

（1）掌握幻灯片版式的设置。

（2）掌握艺术字的使用。

（3）了解文本框的运用。

（4）掌握幻灯片背景的设置。

（5）了解手动绘制表格。

实验内容

（1）打开实验 7.1 中建立的"白鳍豚介绍"演示文稿，将所有幻灯片的版式改为"空白"版式。

（2）为第 1 张幻灯片设置艺术字标题"白鳍豚"，艺术字样式为"填充-蓝-灰，强调文字颜色 1，塑料棱台，映像"。

（3）在第 2、3 张幻灯片中插入图片，并调整图片的位置和大小。

（4）利用文本框为幻灯片添加文本。

（5）在第 4 张幻灯片中手动绘制表格，并设置表格样式为"主题样式 1-强调 2"，单元格凹凸效果为"冷色斜面"。

（6）设置幻灯片背景模板为"龙腾四海"。

（7）第 5 张幻灯片使用带有白鳍豚的图片作为背景，并插入艺术字"再见"，艺术字样式为"渐变填充-橙色，强调文字颜色 6，内部阴影"。

实验步骤

1．更换幻灯片版式

（1）在"开始"选项卡的"幻灯片"组中单击"版式"。

（2）在版式列表中单击"空白"，完成版式设置。

2．设置模板背景

（1）打开"白鳍豚介绍"演示文稿。

（2）选择"设计"选项卡，打开模板样式库，单击"龙腾四海"，即可将该模板应用到所有幻灯片，如图 7.2 所示。

图 7.2　主题背景模板设置

3．设置图片背景

（1）选中第 5 张幻灯片，选择"设计"选项卡的"背景样式"，在背景样式列表中单击"设置背景格式"命令，弹出"设置背景格式"对话框，如图 7.3 所示。

（2）单击"插入自"下面的"文件"按钮，打开"插入图片"对话框，选择"白鳍豚 3.jpg"文件，如图 7.4 所示，单击"插入"按钮，插入该图片作为第 5 张幻灯片的背景。

（3）在"设计"选项卡的"背景"组中，勾选"隐藏背景图形"选项，即可完成设置。

图 7.3　"设置背景格式"对话框

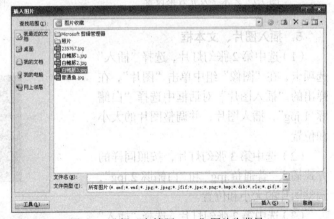

图 7.4　选择"白鳍豚 3.jpg"图片为背景

4．插入艺术字

（1）选中第 1 张幻灯片，单击"插入"选项卡中的"艺术字"，在艺术字库列表中选择"填充-蓝-灰，强调文字颜色 1，塑料棱台，映像"样式，如图 7.5 所示。插入艺术字"白鳍豚"，艺术字效果如图 7.6 所示。

图 7.5　艺术字样式选择

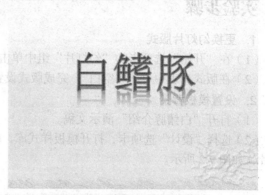

图 7.6　"白鳍豚"艺术字效果

（2）选中第 5 张幻灯片，制作幻灯片尾。插入艺术字"再见"，设置艺术字的发光文本效果，如图 7.7 所示，编辑后的艺术字效果如图 7.8 所示。

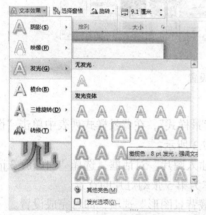

图 7.7　艺术字发光效果设置

图 7.8　"再见"艺术字效果

5．插入图片、文本框

（1）选中第 2 张幻灯片，选择"插入"选项卡，在"图像"组中单击"图片"，在弹出的"插入图片"对话框中选择"白鳍豚 1.jpg"，插入图片，并调整图片的大小和位置。

（2）选中第 3 张幻灯片，按照同样的方式插入"普通鱼.jpg"和"白鳍豚 2.jpg"，调整图片的大小和位置。

（3）选中第 2 张幻灯片，选择"插入"选项卡，在"文本"组单击文本框，在幻灯片上添加一个横排文本框，输入"白鳍豚"文字，设置文本的字号为 32，设置文字颜色为"深蓝，文字 2，淡色 25%"，并调整文本框的位置，效果如图 7.9 所示。

白鳍豚

图 7.9　第 2 张幻灯片效果

（4）选中第 3 张幻灯片，插入文本框，输入文本，设置同（3）一样，效果如图 7.10 所示。

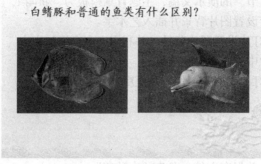

图 7.10　第 3 张幻灯片效果

6. 绘制表格

（1）选中第 4 张幻灯片，选择"插入"选项卡，单击"表格"中的"绘制表格"命令，手动绘制一个 5 行 3 列的表格，并在表格中输入文字。

（2）选中表格，选择"设计"选项卡，单击主题样式库中的"主题样式 1-强调 2"，将该样式应用于表格。

（3）选中表格，在"设计"选项卡的"表格样式"组中单击"效果"，然后选择"单元格凹凸效果"命令，最后在"棱台"效果中选择"冷色斜面"，如图 7.11 所示。

图 7.11　单元格凹凸效果设置

实验 7.3　设计制作以中秋节为题材的演示文稿

实验目的

（1）了解演示文稿中幻灯片不同背景的设置。

（2）掌握图片的插入与编辑。

（3）掌握幻灯片版式的设置。

（4）掌握超链接的设置。

（5）掌握艺术字的使用。

实验内容

（1）建立名为"中秋节"的演示文稿，主题背景模板为"新闻纸"。

（2）为第1张幻灯片设置图片背景并插入艺术字。

（3）为第2、3张幻灯片设置图片背景，并利用文本框添加文本。

（4）为第2张幻灯片中文本设置超链接。

（5）在第4、5张幻灯片中插入图片，并使用艺术字。

实验步骤

1. 设置模板背景

（1）新建演示文稿，并保存文件，名为"中秋节"。

（2）选择"设计"选项卡，打开模板样式库，单击"新闻纸"，即可将该模板应用到所有幻灯片。

2. 编辑第1张幻灯片

（1）选中第1张幻灯片，在"开始"选项卡的"幻灯片"组中单击"版式"，在版式列表中单击"空白"，完成版式设置。

（2）选中第1张幻灯片，选择"设计"选项卡的"背景样式"，在背景样式列表中单击"设置背景格式"命令，弹出"设置背景格式"对话框。

（3）单击"插入"下面的"文件"按钮，打开"插入图片"对话框，选择"中秋节3.jpg"文件，单击"插入"按钮，插入该图片作为第1张幻灯片的背景。

（4）在"设计"选项卡的"背景"组中，勾选"隐藏背景图形"选项，完成设置。

（5）单击"插入"选项卡中的"艺术字"，在艺术字库列表中选择"填充-褐色，强调文字颜色2，暖色粗糙棱台"，如图7.12所示。

（6）输入文本"夜话中秋"，字号为54，幻灯片效果如图7.13所示。

图7.12　选择艺术字样式

图7.13　第1张幻灯片效果

3. 编辑第2张幻灯片

（1）新建一张幻灯片，版式为"标题和内容"。

（2）在标题区输入"中秋节来历"，并设置标题文本字号为48，文字加粗，颜色为"深红，强调文字颜色1，深色25%"，如图7.14所示。

（3）在内容区输入关于中秋节来历的文本，第2张幻灯片效果如图7.15所示。

图 7.14　标题设置

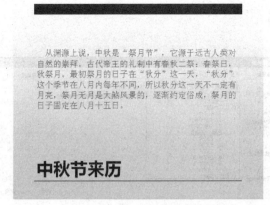

图 7.15　第 2 张幻灯片效果

4．编辑第 3 张幻灯片

（1）新建一张版式为"标题和内容"的幻灯片，在标题区输入"中秋节习俗"，并设置标题文本字号为 48，文字加粗，颜色为"深红，强调文字颜色 1，深色 25%"。

（2）在内容区输入文字"赏月"和"吃月饼"，设置文本字体为"隶书"，字号为 40，文字颜色为"蓝-灰，强调文字颜色 4，深色 50%"。

（3）单击"插入"选项卡"图像"组的"图片"，插入名为"中秋 1.jpg"的图片文件，如图 7.16 所示。

（4）选择插入的图片，单击"调整"组的"艺术效果"，在展开的艺术效果库中选择"水样海绵"，如图 7.17 所示。

图 7.16　插入图片

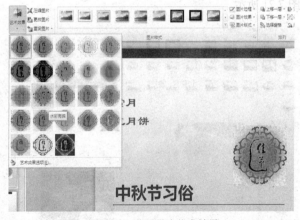

图 7.17　设置图片艺术效果

（5）选择"赏月"文字，单击"插入"选项卡"链接"组的"超链接"，弹出"插入超链接"对话框，设置链接到第 4 张幻灯片，如图 7.18 所示。

（6）用同样方法为"吃月饼"文字设置超链接，链接到第 5 张幻灯片。

（7）要想修改超链接文本的颜色，可以单击"设计"选项卡"主题"组的"颜色"，在展开的配色方案列表中选择"新建主题颜色"，设置"超链接"颜色为"绿色"，"已访问的超链接"颜色为"蓝色"，如图 7.19 所示，保存主题颜色，会将该配色方案应用于幻灯片。

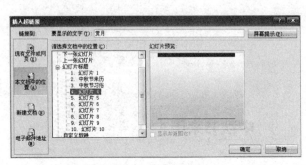

图7.18 设置超链接 图7.19 "新建主题颜色"对话框

5. 编辑第4张幻灯片

（1）新建一张"空白"版式的幻灯片。

（2）单击"插入"选项卡"图像"组里的"图片"，在弹出的"插入图片"对话框中选择"月饼.jpg"并插入该图片，同样的方法插入"月饼1.jpg"图片文件。

（3）选择"月饼.jpg"图片对其进行旋转，然后在"图片样式"中选择"剪裁对角线，白色"样式，如图7.20所示。

（4）选择"月饼1.jpg"图片，设置"图片样式"为"柔化边缘椭圆"。

（5）在第4张幻灯片中插入艺术字，样式为"填充渐变-深红，强调文字颜色1，轮廓-白色，发光-强调文字颜色2"，然后输入文本"吃月饼"，设置字体为"微软雅黑"，字号为72，效果如图7.21所示。

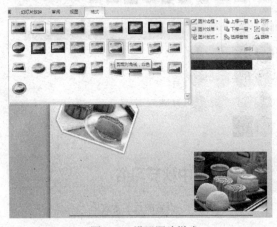

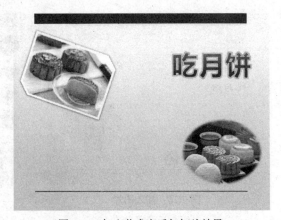

图7.20 设置图片样式 图7.21 加入艺术字后幻灯片效果

6. 编辑第5张幻灯片

（1）新建一张"空白"版式的幻灯片。

（2）插入图片"赏月.jpg"，在"调整"组单击"颜色"，展开颜色设置列表，选择"色温：6500K"，如图7.22所示。

（3）插入艺术字，样式为"填充-褐色，强调文字颜色2，暖色粗糙棱台"，输入文本"赏月"，设置字体为"宋体"，字号为 72，文字颜色为"橙色"，并设置艺术字的阴影样式为"左上对角透视"。

（4）插入竖排文本框，输入诗句"海上升明月天涯共此时"，设置文本字体为"隶书"，字号为 40，颜色为"深红，强调文字颜色 1"，效果如图 7.23 所示。

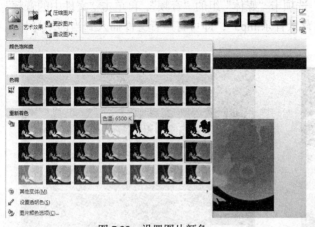
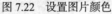

图 7.22　设置图片颜色

图 7.23　第 5 张幻灯片效果

实验 7.4　设计制作包含多种媒体元素的演示文稿

实验目的

（1）了解音频插入方法。
（2）了解视频插入方法。
（3）掌握图片的插入与编辑。
（4）掌握图表的插入与编辑。
（5）掌握表格的插入与编辑。

实验内容

（1）建立名为"个人简历"的演示文稿，主题背景模板为"聚酯薄膜"。
（2）在第 1 张幻灯片中插入音频并进行设置，作为背景音乐。
（3）第 2 张幻灯片版式为"标题和内容"，输入个人简历，并插入剪贴画。
（4）在第 3 张幻灯片中插入表格和图表。
（5）在第 4 张幻灯片中插入视频文件。
（6）制作结束幻灯片。

实验步骤

1. 设置模板背景

（1）新建演示文稿，并保存文件，名为"个人简历"。
（2）选择"设计"选项卡，打开模板样式库，单击"聚酯薄膜"，即可将该模板应用到所有幻灯片。

2. 编辑第 1 张幻灯片

（1）在第 1 张幻灯片的标题占位区输入文本"个人简历"，设置字号为 72。

（2）在副标题占位区输入文本"激扬的青春，华美的乐章"，并将副标题移动到幻灯片的右下方，如图 7.24 所示。

（3）选中第 1 张幻灯片，选择"插入"选项卡"媒体"组的"音频"，再单击"文件中的音频"命令，弹出"插入音频"对话框，选择"背景音乐.mp3"，即可将声音文件插入到当前幻灯片，如图 7.25 所示。

图 7.24 编辑标题和副标题

图 7.25 插入音频的幻灯片

（4）选择"播放"选项卡，对"音频选项"组做编辑，如图 7.26 所示。设置声音的"开始"方式为"自动"。勾选"放映时隐藏"，使得声音图标在播放时不可见。勾选"循环播放，直到停止"，使得在幻灯片放映的过程中有持续的背景音乐。

图 7.26 编辑声音选项

（5）单击幻灯片上的声音图标，然后选择"动画"选项卡，最后单击"动画"组右下角的按钮，如图 7.27 所示，打开"播放音频"对话框，如图 7.28 所示设置即可。

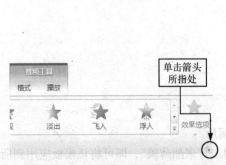

图 7.27 声音效果选项设置按钮

图 7.28 "播放音频"对话框

3．编辑第 2 张幻灯片

（1）新建一张"标题和内容"版式的幻灯片，输入标题和内容。

（2）插入图片"书.jpg"，如图 7.29 所示。选中书籍图片，单击"调整"组中的"删除背景"，去掉图片的白色背景，如图 7.30 所示。

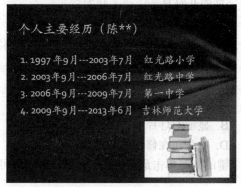

图 7.29　幻灯片中插入图片　　　　　　　　　　图 7.30　删除图片背景

4．编辑第 3 张幻灯片

（1）新建一张"标题和内容"版式的幻灯片，输入标题文本"参加活动"。

（2）单击内容占位区的"插入图表"按钮，插入图表，同时自动启动 Excel 编辑图表的源数据，如图 7.31 所示。

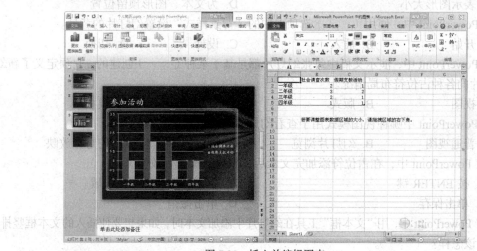

图 7.31　插入并编辑图表

5．编辑第 4 张幻灯片

（1）新建一张"标题和内容"版式的幻灯片，输入标题文本"参加活动的视频"。

（2）单击内容占位区的"插入媒体剪辑"按钮，在弹出的"插入视频文件"对话框，选择视频文件，并插入到当前幻灯片。

6．编辑第 5 张幻灯片

（1）新建一张"空白"版式的幻灯片。

（2）插入艺术字，样式为"填充-金色，强调文字颜色 2，粗糙棱台"，然后输入文本"谢谢观赏"，设置字号为 96，调整艺术字的位置。

（3）保存演示文稿。

习题 7

一、选择题

1. 在 PowerPoint 中，文字区的插入条光标存在，证明此时是（ ）状态。
   A. 移动   B. 文字编辑   C. 复制   D. 文字框选取

2. 在（ ）窗格中不但可以显示当前幻灯片，还可以添加文本，插入图片、图形、表格、图表、文本框、声音和动画等对象。
   A. 大纲   B. 幻灯片   C. 备注   D. 任务

3. 在 PowerPoint 中，"视图"这个名词表示（ ）。
   A. 一种图形   B. 显示幻灯片的方式
   C. 编辑演示文稿的方式   D. 一张正在修改的幻灯片

4. 单击第 1 张幻灯片的图标后，在按住（ ）键的同时单击最后一张幻灯片图标，即可选择一组连续的幻灯片。
   A. Ctrl   B. Shift   C. Tab   D. Alt

5. "插入艺术字"按钮位于"插入"选项卡的（ ）组上。
   A. 表格   B. 图像   C. 文本   D. 符号

6. 幻灯片中占位符的作用是（ ）。
   A. 表示文本长度   B. 限制插入对象的数量
   C. 表示图形大小   D. 为文本、图形预留位置

7. 在 PowerPoint 中，使用（ ）选项卡中的"背景样式"设置幻灯片的背景。
   A. 开始   B. 插入   C. 设计   D. 切换

8. 在 PowerPoint 中，演示文稿中每张幻灯片都是基于某种（ ）创建的，它预定义了新幻灯片的各种占位符布局情况。
   A. 视图   B. 版式   C. 母版   D. 模板

9. 在 PowerPoint 中哪种视图模式用于查看幻灯片的播放效果？（ ）。
   A. 普通视图   B. 幻灯片浏览   C. 阅读视图   D. 幻灯片放映

10. 在 PowerPoint 中，在占位符添加完文本后，怎样使操作生效？（ ）。
    A. 按 ENTER 键   B. 单击幻灯片的空白区域
    C. 单击保存   D. 单击撤销

11. 在 PowerPoint 中，用"文本框"工具在幻灯片中添加文本时，如果想要使插入的文本框竖排，应该怎样？（ ）。
    A. 默认的格式就是竖排
    B. 不可能竖排
    C. 选择文本框列表中的水平项
    D. 选择文本框列表中的垂直项

12. 在 PowerPoint 中，欲在幻灯片中添加文本，要选择哪个选项卡？（ ）。
    A. 视图   B. 插入   C. 动画   D. 审阅

13. 在 PowerPoint 中，用文本框在幻灯片中添加文本时，在插入选项卡的哪一组中选择插入文本框？（ ）。
    A. 图像   B. 文本   C. 插图   D. 表格

14. 在 PowerPoint 中，用文本框工具在幻灯片中添加图片操作，何时表示可添加文本？（ ）。

A. 状态栏出现可输入字样

B. 主程序发出音乐提示

C. 在文本框中出现一个闪烁的插入点

D. 文本框变成高亮度

15. 在 PowerPoint 中，怎样在自选的图形上添加文本？（　　）。

A. 用鼠标右键点击插入的图形，再选择编辑文本即可

B. 直接在图形上编辑

C. 另存到图像编辑器编辑

D. 用粘贴在图形上加文本

16. 在 PowerPoint 中，在幻灯片的占位符中添加的文本有（　　）要求。

A. 只要是文本形式就行　　　　　　　　B. 文本中不能含有数字

C. 文本中不能含有中文　　　　　　　　D. 文本必须简短

17. 在 PowerPoint 中，要绘制自选图形，需选择（　　）选项卡。

A. 视图　　　　　　B. 插入　　　　　　C. 开始　　　　　　D. 动画

18. 在 PowerPoint 中，选择幻灯片中的文本时，应该用鼠标怎样操作？（　　）。

A. 用鼠标选中文本框，再按复制

B. 在"编辑"菜单栏中选择"全选"菜单

C. 将鼠标点在所要选择的文本的前方，按住鼠标右键不放并拖动至指定位置

D. 将鼠标点在所要选择的文本的前方，按住鼠标左键不放并拖动至指定位置

19. 在 PowerPoint 中，有关选择幻灯片的文本叙述，错误的是（　　）。

A. 单击文本区，会显示文本控制点

B. 选择文本时，按住鼠标不放并拖动鼠标

C. 文本选择成功后，所选幻灯片中的文本变成反白

D. 文本不能重复选定

20. 在 PowerPoint 中，选择幻灯片中的文本时，（　　）表示文本选择已经成功。

A. 所选的文本闪烁显示

B. 所选幻灯片中的文本变成反白

C. 文本字体发生明显改变

D. 状态栏中出现成功字样

21. 在 PowerPoint 中，移动文本时，如果在两个幻灯片上移动会有什么后果？（　　）。

A. 操作系统进入死锁状态　　　　　　　B. 文本无法复制

C. 文本复制正常　　　　　　　　　　　D. 文本会丢失

22. 在 PowerPoint 中，要将剪贴板上的文本插入到指定文本段落，下列操作中可以实现的是
（　　）。

A. 将光标置于想要插入的文本位置，单击"粘贴"按钮

B. 将光标置于想要插入的文本位置，单击菜单中"插入"按钮

C. 将光标置于想要插入的文本位置，使用快捷键 Ctrl+C

D. 将光标置于想要插入的文本位置，使用快捷键 Ctrl+T

23. 在 PowerPoint 中，要将所选的文本存入剪贴板上，下列操作中无法实现的是（　　）。

A. 单击开始选项卡中的复制按钮

B. 使用右键快捷菜单中的复制命令

C. 使用快捷键 Ctrl+C

D. 使用快捷键 Ctrl+T

24. 在 PowerPoint 中，下列有关移动和复制文本叙述中，不正确的是（　　　）。
　　A. 文本在复制前，必须先选定　　　　　B. 文本复制的快捷键是 Ctrl+C
　　C. 文本的剪切和复制没有区别　　　　　D. 文本能在多张幻灯片间移动

25. 在 PowerPoint 中，设置文本的字体组时，下列选项中不属于字体组效果选项的是（　　　）。
　　A. 下划线　　　　B. 闪烁　　　　C. 加粗　　　　D. 阴影

26. 在 PowerPoint 中，下列关于设置文本的段落格式的叙述，正确的是（　　　）。
　　A. 图形不能作为项目符号
　　B. 设置文本的段落格式时，要从开始选项卡的"段落"组中进行
　　C. 行距可以是任意值
　　D. 以上说法全都不对

27. 在 PowerPoint 中，设置文本的段落格式项目符号和编号时，要使图片作为项目符号，则选择"项目符号和编号"对话框中的（　　　）。
　　A. 编号选项卡　　　B. 图片　　　C. 字符　　　D. 颜色

28. 在 PowerPoint 中，设置文本的段落格式的项目时，在段落组中选择（　　　）。
　　A. 字体　　　　B. 项目符号或编号　　　C. 字体对齐方式　　D. 行距

29. 在 PowerPoint 中，设置文本的段落格式时，要从哪个选项卡着手设置？（　　　）。
　　A. 文件　　　　B. 插入　　　　C. 开始　　　　D. 设计

30. 在 PowerPoint 中，设置文本的段落格式的行距时，在段落对话框中选择（　　　）。
　　A. 字体　　　　B. 字体对齐方式　　　C. 行距　　　　D. 分行

31. 在 PowerPoint 中，插入图片操作，在选项栏中选择（　　　）。
　　A. 视图　　　　B. 插入　　　　C. 文件　　　　D. 设计

32. 在 PowerPoint 中，插入图片操作在"插入"选项卡中选择（　　　）。
　　A. 图片　　　　B. 文本框　　　　C. 视频　　　　D. 表格

33. 在 PowerPoint 中，若想对幻灯片设置不同的颜色、阴影、图案或纹理的背景，可单击（　　　）选项卡中的"背景样式"。
　　A. 视图　　　　B. 设计　　　　C. 幻灯片放映　　D. 开始

34. 选择不连续的多张幻灯片，借助（　　　）键。
　　A. Shift　　　　B. Ctrl　　　　C. Tab　　　　D. Alt

35. 在 PowerPoint 中，插入新幻灯片的操作可以在（　　　）选项卡下进行。
　　A. 文件　　　　B. 开始　　　　C. 插入　　　　D. 设计

36. 幻灯片母版中一般都包含（　　　）占位符，其他的占位符可根据版式而不同。
　　A. 文本　　　　B. 页脚　　　　C. 图标　　　　D. 标题

37. 在 PowerPoint 中，绘制图形时如果画的是椭圆，想变成圆时应按住键盘上的（　　　）。
　　A. Ctrl　　　　B. Shift　　　　C. Tab　　　　D. Caps Lock

38. 在 PowerPoint 中，艺术字具有（　　　）。
　　A. 文件属性　　　B. 图形属性　　　C. 字符属性　　　D. 文本属性

39. 在 PowerPoint 中，选一个自选图形，打开"设置形状格式"对话框，不能改变图形的（　　　）。
　　A. 旋转角度　　　B. 大小尺寸　　　C. 内部颜色　　　D. 形状

40. 在 PowerPoint 中，要将幻灯片的编号设置到幻灯片的右上角，可以首先在该位置放置一个文本框，再使用（　　　）选项卡中的"幻灯片编号"来实现。
　　A. 插入　　　　B. 视图　　　　C. 开始　　　　D. 设计

41. 在 PowerPoint 中，执行了新建幻灯片的操作，被插入的幻灯片将出现在（　　　）。
    A. 当前幻灯片之前　　　　　　　　　B. 当前幻灯片之后
    C. 最前　　　　　　　　　　　　　　D. 最后

42. 在 PowerPoint 中没有的对齐方式是（　　　）。
    A. 两端对齐　　　　B. 分布对齐　　　　C. 右对齐　　　　D. 左对齐

43. 在 PowerPoint 中的幻灯片可以（　　　）。
    A. 在投影仪上放映　　　　　　　　　B. 在计算机屏幕上放映
    C. 打印成幻灯片使用　　　　　　　　D. 以上三种均可以完成

44. 如果要在自选图形上添加文本，（　　　），然后键入文本。
    A. 必须在自选图形上单击鼠标右键，选择"编辑文字"命令
    B. 必须使用"文本"组中的"文本框"
    C. 只要在该图形上单击一下鼠标左键
    D. 必须使用"插图"组中的"文本框"

45. 在 PowerPoint 窗口中制作幻灯片时，需要使用"形状"工具按钮，选择（　　　）选项卡。
    A. 文件　　　　　　B. 视图　　　　　　C. 开始　　　　　　D. 插入

46. PowerPoint 允许设置幻灯片的方向，使用设计选项卡的（　　　）组完成此设置。
    A. 主题　　　　　　B. 页面设置　　　　C. 自定义　　　　　D. 背景

47. 在"幻灯片浏览"视图下，不允许进行的操作是（　　　）。
    A. 幻灯片移动和复制　　　　　　　　B. 幻灯片切换
    C. 幻灯片删除　　　　　　　　　　　D. 设置动画效果

48. 将一个幻灯片上多个已选中自选图形组合成一个复合图形，使用（　　　）。
    A. 设计选项卡　　　B. 右键弹出菜单　　C. 开始选项卡　　　D. 插入选项卡

49. 幻灯片中母版文本格式的改动（　　　）。
    A. 会影响设计模板　　　　　　　　　B. 不影响标题母版
    C. 会影响标题母版　　　　　　　　　D. 不会影响幻灯片

50. 作者名字出现在所有的幻灯片中，应将其加入到（　　　）中。
    A. 幻灯片母版　　　B. 标题母版　　　　C. 备注母版　　　　D. 讲义母版

51. 在 PowerPoint 中，绘制图形时按（　　　）键图形为正方形。
    A. Shift　　　　　　B. Ctrl　　　　　　C. Delete　　　　　D. Alt

52. 在 PowerPoint 中，单击（　　　）选项卡中的"幻灯片母版"，进入幻灯片母版设计窗口，
    更改幻灯片的母版。
    A. 文件　　　　　　B. 审阅　　　　　　C. 视图　　　　　　D. 格式

53. 在 PowerPoint 中，改变对象大小时，按下 Shift 键时出现的结果是（　　　）。
    A. 以图形对象的中心为基点进行缩放
    B. 按图形对象的比例改变图形的大小
    C. 只有图形对象的高度发生变化
    D. 只有图形对象的宽度发生变化

54. 在 PowerPoint 中，模板文件的扩展名为（　　　）。
    A. pptx　　　　　　B. pps　　　　　　C. potx　　　　　　D. htm

55. 在 PowerPoint 中，在空白幻灯片中不可以直接插入（　　　）。
    A. 艺术字　　　　　B. 公式　　　　　　C. 文字　　　　　　D. 文本框

56. 在 PowerPoint 中，新建一个演示文稿时第一张幻灯片的默认版式是（　　　）。

A. 项目清单　　　　　　B. 两栏文本　　　　　C. 标题幻灯片　　　　　D. 空白

57. 下列有关幻灯片和演示文稿的说法中不正确的是（　　　）。

A. 一个演示文稿文件可以不包含任何幻灯片

B. 一个演示文稿文件可以包含一张或多张幻灯片

C. 幻灯片可以单独以文件的形式存盘

D. 幻灯片是 PowerPoint 中包含文字、图形、图表、声音等多媒体信息的图片

58. 在 PowerPoint 中，不能对个别幻灯片内容进行编辑修改的视图方式是（　　　）。

A. 阅读视图　　　　B. 幻灯片浏览　　　　C. 幻灯片放映　　　　D. 以上三项均不能

59. PowerPoint 中，下列有关表格的说法错误的是（　　　）。

A. 要向幻灯片中插入表格，需切换到普通视图

B. 可以手动绘制表格

C. 不能在单元格中插入斜线

D. 可以拆分单元格

60. 在 PowerPoint 的（　　　）下，可以用拖动方法改变幻灯片的顺序。

A. 阅读视图　　　　　　　　　　　　　B. 备注页视图

C. 幻灯片浏览视图　　　　　　　　　　D. 幻灯片放映视图

61. 在 PowerPoint 中，"开始"选项卡中的（　　　）可以用来改变某一幻灯片的布局。

A. 背景　　　　　　B. 版式　　　　　　C. 幻灯片配色方案　　　　D. 字体

62. 演示文稿的基本组成单元是（　　　）。

A. 文本　　　　　　B. 图形　　　　　　C. 超链接　　　　　　D. 幻灯片

63. 在 PowerPoint 中，显示出当前被处理的演示文稿文件名的栏是（　　　）。

A. 选项卡　　　　　　B. 功能区　　　　　　C. 标题栏　　　　　　D. 状态栏

64. 下列操作中，不能退出 PowerPoint 的操作是（　　　）。

A. 单击"文件"选项卡的"关闭"命令

B. 单击"文件"下拉菜单的"退出"命令

C. 按快捷键 Alt+F4

D. 双击 PowerPoint 窗口的控制菜单图标

65. 在 PowerPoint 中，若要在一张幻灯片中加入一个图表，应采用（　　　）方法。

A. 单击插入选项卡中的"图表"

B. 单击开始选项卡中的"图表"

C. 单击设计选项卡中的"图表"

D. 在幻灯片中左击鼠标，从弹出的菜单中选择"图表"

66. PowerPoint 是 Microsoft Windows 操作系统下运行的一个专门用于编制（　　　）的软件。

A. 电子表格　　　　　　B. 文本文件　　　　　　C. 网页设计　　　　　　D. 演示文稿

67. 在 PowerPoint 中，关于幻灯片中文本格式化操作，下列叙述正确的是（　　　）。

A. 设置幻灯片中文本对齐方式，执行设计选项卡中的"对齐文本"

B. 设置幻灯片中文本对齐方式，执行开始选项卡中的"对齐文本"

C. 设置幻灯片中文本对齐方式，执行视图选项卡中的"对齐文本"

D. 设置幻灯片中文本对齐方式，执行文件选项卡中的"对齐文本"

68. 在 PowerPoint 中，下列关于幻灯片母版里的占位符叙述正确的是（　　　）。

A. 标题区用于所有幻灯片标题文字的格式化，位置放置和大小设置，以及设置文本的属性，设置各个层次项目符号

B. 日期区用于演示文稿中每张幻灯片日期的添加，位置放置大小重设和格式化

C. 对象区用于所有幻灯片标题文字的格式化，位置放置和大小设置，以及设置文本的字体、字号、颜色和阴影等效果

D. 页脚区用于演示文稿中每张幻灯片页脚文字的添加，自动添加幻灯片序号、位置放置大小重设和格式化

69. 在 PowerPoint 中，幻灯片浏览视图下，用户可以进行以下（　　　）操作。

A. 插入新幻灯片　　　　B. 编辑　　　　C. 设置动画片　　　　D. 设置字体

70. 在 PowerPoint 中，将大量的图片轻松地添加到演示文稿中，可以运用（　　　）。

A. 设计模板　　　　B. 手动调整　　　　C. 样本模板　　　　D. 相册

二、判断题

1. 一个演示文稿就是一个文件，扩展名是.pptx。（　　　）

2. PowerPoint 2010 的退出可以按 Ctrl+F4 键。（　　　）

3. PowerPoint 2010 的退出可以双击系统控制图标。（　　　）

4. PowerPoint 2010 中可以使用文本框输入文本。（　　　）

5. 由 PowerPoint 2010 创建的文档称为演示文稿。（　　　）

6. PowerPoint 2010 演示文稿文件以.potx 为扩展名进行保存。（　　　）

7. PowerPoint 2010 提供两种类型的模板：设计模板和幻灯片模板。（　　　）

8. PowerPoint 2010 的各种视图中，显示单个幻灯片以进行文本编辑的视图是幻灯片浏览视图。（　　　）

9. 可以对幻灯片进行移动、删除、添加、复制、设置切换动画效果，但不能编辑幻灯片中具体内容的视图是普通视图。（　　　）

10. 演示文稿中每张幻灯片都是基于某种格式创建的，它预定义了新建幻灯片的各种占位符布局情况。（　　　）

11. PowerPoint 2010 中，要改变一张幻灯片的设计模板时，则所有幻灯片均采用新模板。（　　　）

12. 若要精确调整图片的位置，应直接拖曳图片。（　　　）

13. 单击"版式"按钮，不能插入幻灯片。（　　　）

14. 在普通视图下，右键快捷菜单中选择"删除幻灯片"，删除当前幻灯片。（　　　）

15. 幻灯片中的文本形式有标题、正文和文本框。（　　　）

16. 幻灯片中的超级链接只可以指向幻灯片中的某个对象。（　　　）

17. 在空白版式的幻灯片中可以直接插入文字。（　　　）

18. 在幻灯片视图下，选择多个对象可以采用单击一个对象后，按住 Ctrl 键，再单击其他对象。（　　　）

19. 在 PowerPoint 2010 中，任一时刻，幻灯片窗格内只能查看或编辑一张幻灯片。（　　　）

20. 在 PowerPoint 中，添加新幻灯片的快捷键是 Ctrl+N。（　　　）

21. 在 PowerPoint 2010 中，要更换幻灯片的配色方案可以通过"设计"选项卡中的"颜色"来操作。（　　　）

22. 在 PowerPoint 2010 中，插入多个的剪贴画的叠放次序不能改变。（　　　）

23. 对于 PowerPoint 来说，启动 PowerPoint 后可以建立或编辑多个演示文稿文件。（　　　）

24. 在 PowerPoint 2010 中，段落对齐方式不包含右对齐。（　　　）

25. PowerPoint 2010 中的空演示文稿模板是不允许用户修改的。（　　　）

第8章

演示文稿制作软件
PowerPoint 高级应用

实验 8　PowerPoint 2010 高级编辑技巧

实验目的

（1）掌握幻灯片动画的设置方法。

（2）掌握幻灯片声音及影片的插入方法。

（3）掌握幻灯片超级链接的实现方法。

（4）掌握幻灯片的放映方式。

实验内容

打开"实验 8.ppt"演示文稿后进行操作。

1.　根据要求，为幻灯片对象设置动画和声音

（1）第 1 张幻灯片。将标题文字的字体设置成"黑体"，字号设置为"48"，加粗，居中显示，自定义动画效果为"浮入"，方向为"上浮"，速度为"快速"。

（2）第 3 张幻灯片。将标题和文本中的文字设置成自定义动画效果"浮入"，方向为"自顶部"，速度为"快速"。

（3）第 4 张幻灯片。为标题和插入的 SmartArt 图形添加效果，标题的效果为"弹跳"，SmartArt 图形的效果为"百叶窗"，方向为"垂直"，速度为"快速"，并伴随"微风"声音效果。

（4）第 5 张幻灯片。为表格添加效果"阶梯状"，方向"左下"；将标题文字"研究过程与数据"设置成"翻转式由远及近"动画效果。

（5）第 6 张幻灯片。设置图表的动画为"随机线条"，艺术字添加效果为"轮子"，速度为"中速"，"从上一项之后开始"播放。

2.　幻灯片放映

选择"幻灯片放映"选项卡中的"从头开始放映"命令，浏览幻灯片的播放效果。

3.　在幻灯片中插入声音

在第 1 张幻灯片中插入*.mp3 音乐（在素材库中），并设置其为在幻灯片播放时自动播放效果。

4. 改变幻灯片对象的出场次序

将第 4 张幻灯片的标题和 SmartArt 图形的出场次序交换。

5. 设置幻灯片的切换效果

将所有幻灯片的切换效果设置为"随机"、"中速"切换，并在单击鼠标时进行切换。预览设置后的幻灯片效果。

6. 为幻灯片设置超级链接

（1）将第 2 张幻灯片中的文字内容分别链接到演示文稿中相应的目标位置，当鼠标滑过相应的文字内容显示"手型"时，则超链接设置成功。

（2）在最后一张幻灯片中添加动作按钮，当单击该按钮时，自动切换到第一张幻灯片播放。内容如图 8.1 所示。

图 8.1　设置"动作按钮"效果图

7. 在最后一页幻灯片中插入影片文件

直接在幻灯片中添加即可。

8. 对幻灯片进行排练计时，设置幻灯片播放方式

根据要求，进行下列操作。

（1）为幻灯片进行排练计时。

（2）设置幻灯片的放映方式为"在展台浏览"，自动使用排练计时，循环播放。

（3）观看自动播放幻灯片的效果。

实验步骤

1. 幻灯片的动画设置

（1）利用"动画"选项卡中系统提供的内置动画。选中要设置的对象，选择"动画"选项卡中的"百叶窗"动画效果，通过"效果选项"的下拉按钮选择动画方向，可为选定对象添加动画效果，如图 8.2 所示。

单击 按钮，在弹出的对话框中显示出更多的动画效果，也可以单击"添加动画"下拉按钮显示较多的动画效果进行设置，如图 8.3 所示。

图 8.2　设置动画效果方向

图 8.3　显示动画效果

效果设置完成后，还可以单击"动画窗格"，在弹出的任务窗格中设置动画开始的方式、方向、速度以及重新排列播放顺序，如图 8.4 所示。

（2）对选定的对象进行声音效果设置。单击□按钮，弹出动画效果任务窗格，会出现设置动画及声音对话框，或在"动画窗格"任务窗格中，展开选定对象的下拉列表框，选择"效果选项"命令，也可以对相关参数进行设置。如图 8.5 所示。

图 8.4　"动画窗格"对话框

图 8.5　设置动画效果的相应参数

（3）利用幻灯片"切换"设置幻灯片间动画。选择"切换"选项卡中相应的切换效果，如图8.6 所示。

图 8.6　设置幻灯片间的切换效果

2．在幻灯片中插入多媒体对象

可以通过选择"插入"→"视频"命令，在"视频"下拉按钮中选择相对应的子命令。

3．为幻灯片建立超级链接

（1）首先选定要设置超级链接的对象（如文字等）。

（2）选择"插入"选项卡中的"超链接"命令，弹出如图 8.7 所示的"插入超链接"对话框。

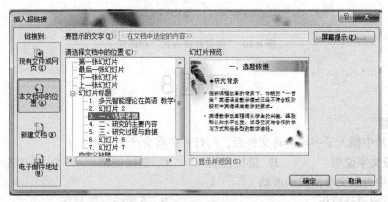

图 8.7　设置"超级链接"对话框

（3）单击对话框中"链接到"选项下的"本文档中的位置"按钮。

（4）在"请选择文档中的位置"中选择要链接到的幻灯片，在右侧的"幻灯片预览"的窗口中出现选择的对应的幻灯片。

（5）单击"确定"按钮，设置链接成功。

4．插入动作按钮

PowerPoint 系统提供了一些标准的动作按钮，在"插入"选项卡中单击"形状"下拉按钮，选择合适的动作按钮插入到幻灯片中，如图 8.8 所示，本实验中所设置的命令按钮功能为返回到第 1 张幻灯片，设置后的效果如图 8.1 所示。

5．幻灯片的排练计时设置

在"幻灯片放映"选项卡中选择"排练计时"按钮，此时，系统进入全屏幕播放状态，并弹出图 8.9 所示的预演对话框。在该对话框正中显示的是对象播放的时间。单击鼠标或单击"下一项"按钮可以切换到下一项的播放。

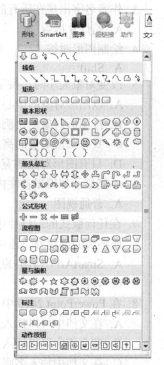

图 8.8　插入"动作按钮"

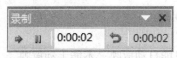

图 8.9　"预演"对话框

6．设置放映方式

设置幻灯片的放映方式可以通过"幻灯片放映"选项卡中的"设置幻灯片放映"命令来实现。单击"设置幻灯片"按钮，即弹出一个"设置放映方式"对话框，如图 8.10 所示，在该对话框中对相应参数进行设置。

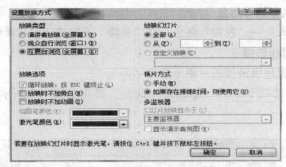

图 8.10 "设置放映方式"对话框

习题 8

一、选择题

1. 在幻灯片中插入了一段声音文件后,幻灯片中将会产生(　　　)。

    A. 一段文字说明　　　　B. 链接说明　　　　C. 链接按钮　　　　D. 喇叭标记

2. 幻灯片中母版文本格式的改动(　　　)。

    A. 会影响设计模板　　　　　　　　　　　B. 不影响标题母版

    C. 会影响标题母版　　　　　　　　　　　D. 不会影响幻灯片

3. 作者名字出现在所有的幻灯片中,应将其加入到(　　　)中。

    A. 幻灯片母版　　　　B. 标题母版　　　　C. 备注母版　　　　D. 讲义母版

4. 绘制图形时按(　　　)键图形为正方形。

    A. Shift　　　　　　　B. Ctrl　　　　　　C. Delete　　　　　D. Alt

5. 改变对象大小时,按下 Shift 键时出现的结果是(　　　)。

    A. 以图形对象的中心为基点进行缩放

    B. 按图形对象的比例改变图形的大小

    C. 只有图形对象的高度发生变化

    D. 只有图形对象的宽度发生变化

6. 不能显示和编辑备注内容的视图模式是(　　　)。

    A. 普通视图　　　　　B. 大纲视图　　　　C. 幻灯片视图　　　D. 备注页视图

7. 在任何版式的幻灯片中都可以插入图表,除了在"插入"选项卡中单击"图表"按钮来完成图表的创建外,还可以使用(　　　)实现图标的插入操作。

    A. SmartArt 图形中的矩形图　　　　　　B. 图片占位符

    C. 表格　　　　　　　　　　　　　　　　D. 图表占位符

8. 在 PowerPoint 2010 中,下列说法错误的是(　　　)。

    A. 在文档中可以插入音乐(如 mp3 音乐)

    B. 在文档中可以插入照片

    C. 在文档中插入多媒体文件后,放映时只能自动放映,不能手动放映

    D. 在文档中可以插入声音(如鼓掌声)

9. PowerPoint 2010 中自带很多的图片文件,若将它们加入到演示文稿中,应使用插入(　　　)操作。

    A. 对象　　　　　　　B. 剪贴画　　　　　C. 自选图形　　　　D. 符号

10. 在演示文稿中,在插入超级链接中所链接的目标,不能是(　　　)。

　　A. 另一个演示文稿　　　　　　　　　B. 同一演示文稿的某一张幻灯片

　　C. 其他应用程序的文档　　　　　　　D. 幻灯片中的某个对象

11. 要使所制作的背景对所有幻灯片生效，应在"背景"对话框中单击（　　　）按钮。

　　A. 应用　　　　　　B. 取消　　　　　　C. 全部应用　　　　D. 确定

12. 在对幻灯片中的某对象进行动画设置时，应在（　　　）对话框中进行。

　　A. 动画效果　　　　B. 动画预览　　　　C. 动态标题　　　　D. 幻灯片切换

13. 以下不是幻灯片放映类型的为（　　　）。

　　A. 演讲者放映（全屏幕）　　　　　　　B. 观众自行浏览（自行）

　　C. 在展台浏览（全屏幕）　　　　　　　D. 演讲者自行浏览

14. 与 Word 相比较，PowerPoint 软件在工作内容上最大的不同在于（　　　）。

　　A. 窗口的风格　　　B. 文档打印　　　　C. 文稿的放映　　　D. 有多种视图方式

15. 动作按钮以何种方式插入？（　　　）。

　　A. "插入"→"形状"　　　　　　　　　B. "插入"→"剪贴画"

　　C. "插入"→"按钮"　　　　　　　　　D. "动画"→"形状"

16. 在 PowerPoint 中，幻灯片浏览视图下，用户可以进行以下（　　　）操作。

　　A. 插入新幻灯片　　B. 编辑　　　　　　C. 设置动画片　　　D. 设置字体

17. 在 PowerPoint 中，将大量的图片轻松地添加到演示文稿中，可以运用（　　　）

　　A. 设计模板　　　　　　　　　　　　　B. 手动调整

　　C. 根据内容提示向导　　　　　　　　　D. 相册

二、判断题

1. 幻灯片的放映方式分为人工放映幻灯片和自动放映幻灯片。（　　　）

2. 设置幻灯片动画效果选择"动画"选项卡。（　　　）

3. 想重置幻灯片的动画效果可以选择"动画"选项卡下的"无动画"命令。（　　　）

4. PowerPoint 不具有排练计时功能。（　　　）

5. PowerPoint 不可以自定义主题。（　　　）

6. 动作按钮以"插入"→"剪贴画"方式插入。（　　　）

7. 在对幻灯片中的某对象进行动画设置时，应在动态标题对话框中进行。（　　　）

8. 在幻灯片中插入了一段声音文件后，幻灯片中将会产生喇叭标记。（　　　）

9. 演讲者自行浏览不是幻灯片放映类型。（　　　）

10. 内容占位符中包括插入表格按钮。（　　　）

三、练习题

1. 为指定演示文稿的每张幻灯片设置动画模式，并设置各幻灯片间的切换方式。

2. 创建超级链接

（1）在首张幻灯片前插入一张幻灯片，并添加几个相应的文本框及图片，其中"计算机的发展"、"计算机分类"、"计算机系统的组成"利用超链接功能指向相应的三个幻灯片。

（2）每张幻灯片中都添加一个动作按钮，单击动作按钮指向第一个幻灯片，第一张幻灯片中设置动作按钮指向最后一张幻灯片。

3. 插入媒体文件

为幻灯片插入一段声音文件，单击第一张幻灯片则播放直到幻灯片播放完毕为止。

4. 放映演示文稿

为该演示文稿设置"排练计时"，设定播放所需要的时间，将放映方式更改为"在展台浏览"，预览放映效果，切换为其他的放映方式，比较放映效果。

第9章
数据结构与算法

知识要点

基本要求

（1）掌握算法的基本概念。
（2）掌握基本数据结构及其操作。
（3）掌握基本排序和查找算法。

考试内容

1. 算法的基本概念，算法复杂度的概念和意义（时间复杂度与空间复杂度）。
2. 数据结构的定义，数据的逻辑结构与存储结构，数据结构的图形表示，线性结构与非线性结构的概念。
3. 线性表的定义，线性表的顺序存储结构及其插入与删除运算。
4. 栈和队列的定义，栈和队列的顺序存储结构及其基本运算。
5. 线性单链表、双向链表与循环链表的结构及其基本运算。
6. 树的基本概念，二叉树的定义及其存储结构，二叉树的前序、中序和后序遍历。
7. 顺序查找与二分法查找算法，基本排序算法（交换类排序、选择类排序、插入类排序）。

考试要点

一、算法

1. 算法是指解题方案的准确而完整的描述。算法不等于程序，也不等于计算方法。程序的编制不可能优于算法的设计。
2. 算法复杂度主要包括时间复杂度和空间复杂度。
（1）算法时间复杂度是指执行算法所需要的计算工作量，可以用执行算法的过程中所需基本运算的执行次数来度量。
（2）算法空间复杂度是指执行这个算法所需要的内存空间。
例：算法的复杂度主要包括_____复杂度和空间复杂度。
答：时间，这是因为：在编写程序时要受到计算机系统运行环境的限制，程序通常还要考虑很多与方法和分析无关的细节问题。

二、数据结构的基本概念

1. 数据结构是指相互有关联的数据元素的集合。

2. 在对数据进行处理时，各数据元素在计算机中的存储关系，即数据的存储结构。

数据的存储结构有顺序、链接、索引等。

（1）顺序存储。它是把逻辑上相邻的结点存储在物理位置相邻的存储单元里，结点间的逻辑关系由存储单元的邻接关系来体现。由此得到的存储表示称为顺序存储结构。

（2）链接存储。它不要求逻辑上相邻的结点在物理位置上也相邻，结点间的逻辑关系是由附加的指针字段表示的。由此得到的存储表示称为链式存储结构。数据的逻辑结构反映数据元素之间的逻辑关系，数据的存储结构（也称数据的物理结构）是数据的逻辑结构在计算机存储空间中的存放形式。同一种逻辑结构的数据可以采用不同的存储结构，但会影响数据处理效率。

例：数据的逻辑结构在计算机存储空间中的存放形式称为数据的_____。

答：模式或者逻辑模式或者概念模式。

3. 数据结构分为两大类型：线性结构和非线性结构。

（1）线性结构（非空的数据结构）。条件：有且只有一个根结点；每一个结点最多有一个前件，也最多有一个后件。常见的线性结构有线性表、栈、队列和线性链表等。

（2）非线性结构。不满足线性结构条件的数据结构。常见的非线性结构有树、二叉树和图等。

前后件关系。一般情况下，在具有相同特征的数据元素集合中，各个数据元素之间存在某种关系（即联系），这种关系反映了该集合中的数据元素所固有的一种结构。在数据处理领域中，通常把数据元素之间这种固有的关系简单地用前后件关系（即直接前驱与直接后继关系）来描述。在数据结构中，没有前件的结点称为根结点。

三、栈和队列

1. 栈及其基本运算

栈是限定在一端进行插入与删除运算的线性表。

在栈中，允许插入与删除的一端称为栈顶，不允许插入与删除的另一端称为栈底。栈顶元素总是最后被插入的元素，栈底元素总是最先被插入的元素。即栈是按照"先进后出"或"后进先出"的原则组织数据的。

栈具有记忆作用。

栈的基本运算：①插入元素称为入栈运算；②删除元素称为退栈运算；③读栈顶元素是将栈顶元素赋给一个指定的变量，此时指针无变化。

栈的存储方式和线性表类似，也有两种，即顺序栈和链式栈。

2. 队列及其基本运算

队列是指允许在一端（队尾）进行插入，而在另一端（队头）进行删除的线性表。尾指针（Rear）指向队尾元素，头指针（front）指向排头元素的前一个位置（队头）。

队列是"先进先出"或"后进后出"的线性表。

队列运算包括：①入队运算，从队尾插入一个元素；②退队运算，从队头删除一个元素。

循环队列及其运算：所谓循环队列，就是将队列存储空间的最后一个位置绕到第一个位置，形成逻辑上的环状空间，供队列循环使用。在循环队列中，用队尾指针 rear 指向队列中的队尾元素，用头指针 front 指向排头元素的前一个位置，因此，从头指针 front 指向的后一个位置直到队尾指针 rear 指向的位置之间，所有的元素均为队列中的元素。

其中，循环队列中元素的个数=rear-front。

四、线性链表

线性表的链式存储结构称为线性链表，是一种物理存储单元上非连续、非顺序的存储结构，数据元素的逻辑顺序是通过链表中的指针链接来实现的。因此，在链式存储方式中，每个结点由两部分组成：一部分用于存放数据元素的值，称为数据域；另一部分用于存放指针，称为指针域，用于指向该结点的前一个或后一个结点（即前件或后件）。如图 9.1 所示。线性链表分为单链表、双向链表和循环链表三种类型。

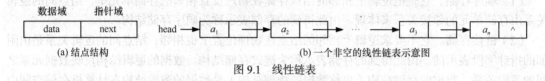

图 9.1　线性链表

在单链表中，每一个结点只有一个指针域，由这个指针只能找到其后件结点，而不能找到其前件结点。因此，在某些应用中，对于线性链表中的每个结点设置两个指针，一个称为左指针，指向其前件结点；另一个称为右指针，指向其后件结点，这种链表称为双向链表，如图 9.2 所示。

在线性链表中，其插入与删除的运算虽然比较方便，但还存在一个问题，在运算过程中对于空表和对第一个结点的处理必须单独考虑，使空表与非空表的运算不统一。为了克服线性链表的这个缺点，可以采用另一种链接方式，即循环链表。

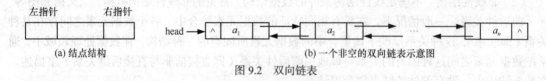

图 9.2　双向链表

循环链表具有以下两个特点：①在链表中增加了一个表头结点，其数据域为任意或者根据需要来设置，指针域指向线性表的第一个元素的结点，而循环链表的头指针指向表头结点；②循环链表中最后一个结点的指针域不是空，而是指向表头结点。即在循环链表中，所有结点的指针构成了一个环状链。

图 9.3（a）是一个非空的循环链表，图 9.3（b）是一个空的循环链表。

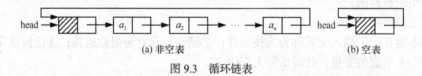

图 9.3　循环链表

当为一个线性表分配顺序存储结构后，如果出现线性表的存储空间已满，但还需要插入新的元素时，就会发生"上溢"现象。

在链表中，即使知道被访问结点的序号 i，也不能像顺序表中那样直接按序号 i 访问结点，而只能从链表的头指针出发，顺着链域逐个结点往下搜索，直至搜索到第 i 个结点为止。因此，链表不是随机存取结构。

五、树与二叉树

1. 树的基本概念

树是一种简单的非线性结构。在树这种数据结构中，所有数据元素之间的关系具有明显的层次特性。在树结构中，每一个结点只有一个前件，称为父结点。没有前件的结点只有一个，称为树的根结点，简称树的根。每一个结点可以有多个后件，称为该结点的子结点。没有后件的结点称为叶子结点。在树结构中，一个结点所拥有的后件的个数称为该结点的度，所有结点中最大的度称为树的度。树的最大层次称为树的深度。

2. 二叉树及其基本性质

（1）什么是二叉树

二叉树是一种很有用的非线性结构，它具有以下两个特点：①非空二叉树只有一个根结点；②每一个结点最多有两棵子树，且分别称为该结点的左子树与右子树。

（2）二叉树的基本性质

性质 1　在二叉树的第 k 层上，最多有 $2^{k-1}(k \geqslant 1)$ 个结点。

性质 2　深度为 m 的二叉树最多有 $2^{m}-1$ 个结点。

性质 3　在任意一棵二叉树中，度数为 0 的结点(即叶子结点)总比度为 2 的结点多一个。

性质 4　具有 n 个结点的二叉树，其深度至少为 $[\log_2 n]+1$，其中 $[\log_2 n]$ 表示取 $\log_2 n$ 的整数部分。

3. 满二叉树与完全二叉树

满二叉树。除最后一层外，每一层上的所有结点都有两个子结点。

完全二叉树。除最后一层外，每一层上的结点数均达到最大值；在最后一层上只缺少右边的若干结点。根据完全二叉树的定义可得出：度为 1 的结点的个数为 0 或 1。

图 9.4（a）表示的是满二叉树，图 9.4（b）表示的是完全二叉树。

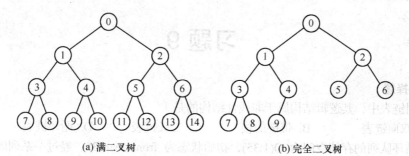

(a) 满二叉树　　　　　　　　　　　　(b) 完全二叉树

图 9.4　满二叉树与完全二叉树

4. 二叉树的遍历

二叉树的遍历是指不重复地访问二叉树中的所有结点。二叉树的遍历可以分为以下三种。

（1）前序遍历（DLR）。若二叉树为空，则结束返回。否则，首先访问根结点，然后遍历左子树，最后遍历右子树；并且，在遍历左右子树时，仍然先访问根结点，然后遍历左子树，最后遍历右子树。

（2）中序遍历（LDR）。若二叉树为空，则结束返回。否则，首先遍历左子树，然后访问根结点，最后遍历右子树；并且，在遍历左、右子树时，仍然先遍历左子树，然后访问根结点，最后遍历右子树。

（3）后序遍历（LRD）。若二叉树为空，则结束返回。否则，首先遍历左子树，然后遍历右子树，最后访问根结点，并且，在遍历左、右子树时，仍然先遍历左子树，然后遍历右子树，最后访问根结点。

六、排序技术

排序是指将一个无序序列整理成按值非递减顺序排列的有序序列，即是将无序的记录序列调整为有序记录序列的一种操作。

1. 交换类排序法（方法：冒泡排序，快速排序）。

2. 插入类排序法（方法：简单插入排序，希尔排序）。

3. 选择类排序法（方法：简单选择排序，堆排序）。

各种排序法比较如表 9.1 所示。

表 9.1   各种排序法比较

类　　别	排序方法	基本思想	时间复杂度
交换类	冒泡排序	相邻元素比较，不满足条件时交换	$n(n-1)/2$
	快速排序	选择基准元素，通过交换，划分成两个子序列	$O(n\log_2 n)$
插入类	简单插入排序	待排序的元素看成为一个有序表和一个无序表，将无序表中元素插入到有序表中	$n(n-1)/2$
	希尔排序	分割成若干个子序列分别进行直接插入排序	$O(n^{1.5})$
选择类	简单选择排序	扫描整个线性表，从中选出最小的元素，将它交换到表的最前面	$n(n-1)/2$
	堆排序	选建堆，然后将堆顶元素与堆中最后一个元素交换，再调整为堆	$O(n\log_2)n$

本章应考点拨：本章内容在笔试中会出现 5~6 个题目，是公共基础知识部分出题量比较多的一章，所占分值也比较大，约 10 分。

习题 9

一、选择题

1. 下列链表中，其逻辑结构属于非线性结构的是（　　　）。
   A. 双向链表　　　　　B. 带链的栈　　　　C. 二叉链表　　　　D. 循环链表

2. 设循环队列的存储空间为 Q(1:35)，初始状态为 front=rear=35，经过一系列的入队和退队运算后，其 front=15，rear=15，则循环队列中元素的个数是（　　　）。
   A. 20　　　　　　　　B. 0 或 35　　　　　C. 15　　　　　　　D. 16

3. 下列关于栈的叙述中，正确的是（　　　）。
   A. 栈顶元素一定是最先入栈的元素　　　B. 栈操作遵循先进后出的原则
   C. 栈底元素一定是最后入栈的元素　　　D. 以上三种说法都不对

4. 下列叙述中正确的是（　　　）。
   A. 循环队列是队列的一种链式存储结构
   B. 循环队列是一种逻辑结构
   C. 循环队列是非线性结构
   D. 循环队列是队列的一种顺序存储结构

5. 下列叙述中正确的是（　　　）。
   A. 栈是一种先进先出的线性表　　　　　B. 队列是一种后进先出的线性表
   C. 栈与队列都是非线性结构　　　　　　D. 以上三种说法都不正确

6. 一棵二叉树共有 25 个结点，其中 5 个是叶子结点，则度为 1 的结点数为（　　　）。
   A. 6　　　　　　　　B. 10　　　　　　　C. 16　　　　　　　D. 4

7. 下列叙述中正确的是（　　　）。
   A. 算法就是程序
   B. 设计算法时只需要考虑数据结构的设计
   C. 设计算法时只需要考虑结果的可靠性

D. 以上三种说法都不对

8. 下列关于线性链表的叙述中，正确的是（　　）。

　A. 各数据结点的存储空间可以不连续，但它们的存储顺序与逻辑顺序必须一致

　B. 各数据结点的存储顺序与逻辑顺序可以不一致，但它们的存储空间必须连续

　C. 进行插入与删除时，不需要移动表中的元素

　D. 以上三种说法都不对

9. 下列关于二叉树的叙述中，正确的是（　　）。

　A. 叶子结点总是比度为 2 的结点少一个

　B. 叶子结点总是比度为 2 的结点多一个

　C. 叶子结点数是度为 2 的结点数的两倍

　D. 度为 2 的结点数是度为 1 的结点数的两倍

10. 下列关于栈叙述正确的是（　　）。

　A. 栈顶元素最先能被删除　　　　　B. 栈顶元素最后才能被删除

　C. 栈底元素永远不能被删除　　　　D. 以上三种说法都不对

11. 下列叙述中正确的是（　　）。

　A. 有一个以上根结点的数据结构不一定是非线性结构

　B. 只有一个根结点的数据结构不一定是线性结构

　C. 循环链表是非线性结构

　D. 双向链表是非线性结构

12. 某二叉树共有 7 个结点，其中叶子结点只有 1 个，则二叉树的深度为（假设根结点在第 1 层）（　　）。

　A. 3　　　　　　　　B. 4　　　　　　　　C. 6　　　　　　　　D. 7

13. 在深度为 7 的满二叉树中，叶子结点的个数为（　　）。

　A. 32　　　　　　　B. 31　　　　　　　C. 64　　　　　　　D. 63

14. 下列数据结构中，属于非线性结构的是（　　）。

　A. 循环队列　　　B. 带链队列　　　C. 二叉树　　　D. 带链栈

15. 下列数据结构中，能够按照"先进后出"原则存取数据的是（　　）。

　A. 循环队列　　　B. 栈　　　　　C. 队列　　　　D. 二叉树

16. 对于循环队列，下列叙述中正确的是（　　）。

　A. 队头指针是固定不变的

　B. 队头指针一定大于队尾指针

　C. 队头指针一定小于队尾指针

　D. 队头指针可以大于队尾指针，也可以小于队尾指针

17. 下列叙述中正确的是（　　）。

　A. 对长度为 n 的有序链表进行查找，最坏情况下需要的比较次数为 n

　B. 对长度为 n 的有序链表进行对分查找，最坏情况下需要的比较次数为 $(n/2)$

　C. 对长度为 n 的有序链表进行对分查找，最坏情况下需要的比较次数为 $(\log_2 n)$

　D. 对长度为 n 的有序链表进行对分查找，最坏情况下需要的比较次数为 $(n\log_2 n)$

18. 算法的时间复杂度是指（　　）。

　A. 算法的执行时间　　　　　　　　B. 算法所处理的数据量

　C. 算法程序中的语句或指令条数　　D. 算法在执行过程中所需要的基本运算次数

19. 下列叙述中正确的是（　　）。

A. 线性表的链式存储结构与顺序存储结构所需要的存储空间是相同的

B. 线性表的链式存储结构所需要的存储空间一般要多于顺序存储结构

C. 线性表的链式存储结构所需要的存储空间一般要少于顺序存储结构

D. 上述三种说法都不对

20. 下列叙述中正确的是（　　　）。

A. 在栈中，栈中元素随栈底指针与栈顶指针的变化而动态变化

B. 在栈中，栈顶指针不变，栈中元素随栈底指针的变化而动态变化

C. 在栈中，栈底指针不变，栈中元素随栈顶指针的变化而动态变化

D. 上述三种说法都不对

21. 在深度为 7 的满二叉树中，叶子结点的个数为（　　　）。

A. 32

B. 31

C. 64

D. 63

22. 对右图二叉树进行前序遍历的结果为（　　　）。

A. DYBEAFCZX

B. YDEBFZXCA

C. ABDEXCFYZ

D. ABCDEFXYZ

23. 以下算法设计基本方法中基本思想不属于归纳法的是（　　　）。

A. 递推法　　　　　　B. 递归法　　　　　　C. 减半递推技术　　　　D. 回溯法

24. 对长度为 n 的线性表排序，在最坏情况下，比较次数不是 $n(n-1)/2$ 的排序方法是（　　　）。

A. 快速排序　　　　　B. 冒泡排序　　　　　C. 直接插入排序　　　　D. 堆排序

25. 在用二分法求解方程在一个闭区间上的实根时，采用的算法设计技术是（　　　）。

A. 列举法　　　　　　B. 归纳法　　　　　　C. 递归法　　　　　　　D. 减半递推法

26. 下列叙述中正确的是（　　　）。

A. 循环队列有队头和队尾两个指针，因此，循环队列是非线性结构

B. 在循环队列中，只需要队头指针就能反映队列中元素的动态变化情况

C. 在循环队列中，只需要队尾指针就能反映队列中元素的动态变化情况

D. 循环队列中元素的个数是由队头指针和队尾指针共同决定

27. 已知元素的入栈顺序为 abcde，则下列哪种出栈顺序是不可能的（出栈和入栈操作可交叉进行）？（　　　）。

A. edcba　　　　　　B. cabde　　　　　　C. dcbae　　　　　　　D. bcdea

28. 下列关于栈的描述正确的是（　　　）。

A. 在栈中只能插入元素而不能删除元素

B. 在栈中只能删除元素而不能插入元素

C. 栈是特殊的线性表，只能在一端插入或删除元素

D. 栈是特殊的线性表，只能在一端插入元素，而在另一端删除元素

29. 下列叙述中，错误的是（　　　）。

A. 数据的存储结构与数据处理的效率密切相关

B. 数据的存储结构与数据处理的效率无关

C. 数据的存储结构在计算机中所占的空间不一定是连续的

D. 一种数据的逻辑结构可以有多种存储结构

30. 树是结点的集合，它的根结点数目是（　　　）。

　　A. 有且只有 1　　　　　B. 1 或多于 1　　　　　C. 0 或 1　　　　　D. 至少 2

二、填空题（注意：以命令关键字填空的必须拼写完整）

1. 一棵二叉树共有 47 个结点，其中有 23 个度为 2 的结点，假设根结点在第 1 层，则该二叉树的深度为_____。

2. 设栈的存储空间为 $S(1:40)$，初始状态为 bottom=0，top=0，现经过一系列入栈与出栈运算后，top=20，则当前栈中有_____个元素。

3. 在长度为 n 的顺序存储的线性表中删除一个元素，最坏情况下需要移动表中的元素个数为_____。

4. 设循环队列的存储空间为 $Q(1:30)$，初始状态为 front=rear=30，现经过一系列入队与退队运算后，front=16，rear=15，则循环队列中有_____个元素。

5. 数据结构分为线性结构与非线性结构，带链的栈属于_____。

6. 在长度为 n 的顺序存储的线性表中插入一个元素，最坏情况下需要移动表中_____个元素。

7. 有序线性表能进行二分查找的前提是该线性表必须是_____存储的。

8. 一棵二叉树的中序遍历结果为 DBEAFC，前序遍历结果为 ABDECF，则后序遍历结果为_____。

9. 某二叉树有 5 个度为 2 的结点以及 3 个度为 1 的结点，则该二叉树中共有_____个结点。

10. 一个队列的初始状态为空。现将元素 a,b,c,d,e,f,5,4,3,2,1 依次入队，然后再依次退队，则元素退队的顺序为_____。

11. 设某循环队列的容量为 50，如果头指针 front=45（指向队头元素的前一位置），尾指针 rear=10（指向队尾元素），则该循环队列中共有_____个元素。

12. 设二叉树如下，对该二叉树进行后序遍历的结果为_____。

13. 一个栈的初始状态为空。首先将元素 5,4,3,2,1 依次入栈，然后退栈一次，再将元素 A,B,C,D 依次入栈，之后将所有元素全部退栈，则所有元素退栈（包括中间退栈的元素）的顺序为_____。

14. 在长度为 n 的线性表中，寻找最大项至少需要比较_____次。

15. 一棵二叉树有 10 个度为 1 的结点，7 个度为 2 的结点，则该二叉树共有_____个结点。

16. 线性表的存储结构主要分为顺序存储结构和链式存储结构。队列是一种特殊的线性表，循环队列是队列的_____存储结构。

17. 一棵二叉树第六层（根结点为第一层）的结点数最多为_____个。

18. 设某循环队列的容量为 50，头指针 front=5（指向队头元素的前一位置），尾指针 rear=29（指向队尾元素），则该循环队列中共有_____个元素。

19. 请写出用冒泡排序法对序列（5，1，7，3，1，6，9，3，2，7，6）进行第一遍扫描后的中间结果是_____。

第10章
程序设计基础

知识要点

基本要求

掌握逐步求精的结构化程序设计方法。

考试内容

1. 程序设计方法与风格。
2. 结构化程序设计。
3. 面向对象的程序设计方法，对象，方法，属性及继承与多态性。

考试要点

一、程序设计方法与风格

程序设计方法：主要经过了面向过程的结构化程序设计和面向对象的程序设计方法。

程序设计风格是指编写程序时所表现出来的特点、习惯和逻辑思路。通常，要求程序设计的风格应简单和清晰，必须是可读的，可以理解的。要形成良好的程序设计的风格，应考虑如下因素。

1. 源程序文档化
2. 数据说明方法
3. 语句的结构
4. 输入和输出

二、结构化程序设计

1. 结构化程序设计的原则

结构化程序设计方法的主要原则：自顶而下、逐步求精，模块化，限制使用goto语句。

2. 结构化程序设计的基本结构

（1）顺序结构
（2）选择结构
（3）重复结构

选用的控制结构只允许有一个入口和一个出口。

三、面向对象的程序设计知识点

（1）分类性指可以将具有相同属性和操作的对象抽象成类。

（2）多态性指同一个操作可以是不同对象的行为。多态性是指子类对象可以像父类对象那样使用，同样的消息可以发送给父类对象也可以发送给子类对象。多态性机制增加了面向对象软件系统的灵活性，减少了信息冗余，而且显著提高了软件的可重用性和可扩充性。

（3）将属性、操作相似的对象归为类。具有共同的属性、共同的方法的对象的集合，即是类。

（4）消息是一个实例与另一个实例之间传递的信息，它是请求对象执行某一处理或回答某一个要求的信息，它统一了数据流和控制流。

（5）继承是使用已有的类定义作为基础建立新类的定义技术。已有的类可当作基类来引用，则新类相应地可作为派生类来引用。

本章在考试中会出现约 1 个题目，所占分值大约占 2 分，是出题量较小的一章。本章内容比较少，也很简单，掌握基本的概念就可以轻松应对考试了，所以在这部分丢分，比较可惜。

习题 10

一、选择题

1. 结构化程序设计主要强调的是（　　）。
   A. 程序的规模　　　　　　　　　　B. 程序的易读性
   C. 程序的执行效率　　　　　　　　D. 程序的可移植性

2. 对建立良好的程序设计风格，下面描述正确的是（　　）。
   A. 程序应简单、清晰、可读性好　　B. 符号名的命名只要符合语法
   C. 充分考虑程序的执行效率　　　　D. 程序的注释可有可无

3. 在面向对象方法中，一个对象请求另一对象为其服务的方式是通过发送（　　）。
   A. 调用语句　　　B. 命令　　　C. 口令　　　D. 消息

4. 信息隐蔽的概念与下述哪一种概念直接相关？（　　）
   A. 软件结构定义　　B. 模块独立性　　C. 模块类型划分　　D. 模块耦合度

5. 下面对对象概念描述错误的是（　　）。
   A. 任何对象都必须有继承性　　　　B. 对象是属性和方法的封装体
   C. 对象间的通信靠消息传递　　　　D. 操作是对象的动态属性

6. 在软件设计中不使用的工具是（　　）。
   A. 系统结构图　　B. 程序流程图　　C. PAD 图　　　D. 数据流图（DFD 图）

7. 算法的空间复杂度是指（　　）。
   A. 算法在执行过程中所需要的计算机存储空间
   B. 算法所处理的数据量
   C. 算法程序中的语句或指令条数
   D. 算法在执行过程中所需要的临时工作单元数

8. 软件按功能可以分为应用软件、系统软件和支撑软件（或工具软件）。下面属于系统软件的是（　　）。
   A. 编辑软件　　　B. 操作系统　　　C. 教务管理系统　　D. 浏览器

9. 软件（程序、调试）的任务是（　　）。
   A. 诊断和改正程序中的错误　　　　B. 尽可能多地发现程序中的错误

C. 发现并改正程序中的所有错误   D. 确定程序中错误的性质

10. 下面哪一项不是消息的组成部分？（   ）。
    A. 发送消息的对象的名称   B. 接受消息的对象的名称
    C. 消息标志符   D. 零个或多个参数

11. 下列叙述中正确的是（   ）。
    A. 程序执行的效率与数据的存储结构密切相关
    B. 程序执行的效率只取决于程序的控制结构
    C. 程序执行的效率只取决于所处理的数据量
    D. 以上三种说法都不对

12. 消息传递中所传递的消息实质上是哪种对象所具有的操作（或方法、名称）？（   ）。
    A. 发送对象   B. 接受对象   C. 请求对象   D. 调用对象

13. 下面哪一项不是面向对象方法的优点？（   ）。
    A. 稳定性好   B. 可重用性好   C. 运行效率高   D. 可维护性好

14. 按照结构化程序的设计原则和方法，下列叙述中正确的是（   ）。
    A. 语言中所没有的控制结构，应该采用前后一致的方法来模拟
    B. 基本结构在程序设计中不允许嵌套
    C. 在程序中不要使用 GOT0 语句
    D. 选用的结构只准有一个入口，但可以有多个出口

15. 下列哪一项方法不是说明面向对象的易于修改的特性？（   ）。
    A. 对象的封装性   B. 继承机制   C. 隐藏机制   D. 多态性机制

16. 对象实现了数据和操作的结合，是指对数据和数据的操作进行（   ）。
    A. 结合   B. 隐藏   C. 封装   D. 抽象

17. 下面不属于软件设计原则的是（   ）。
    A. 抽象   B. 模块化   C. 自底向上   D. 信息隐蔽

二、填空题（注意：以命令关键字填空的必须拼写完整）

1. 结构化程序设计的三种基本逻辑结构为顺序、选择和_____。

2. 源程序文档化要求程序应加注释，注释一般分为序言性注释和_____。

3. 在面向对象方法中，信息隐蔽是通过对象的_____性来实现的。

4. 类是一个支持集成的抽象数据类型，而对象是类的_____。

5. 在面向对象方法中，类之间共享属性和操作的机制称为_____。

6. 程序流程图中的菱形框表示的是_____。

7. 仅由顺序、选择（分支）和重复（循环）结构构成的程序是_____程序。

8. _____实际上就是描述事物的符号记录。

9. 重复结构对应两类循环语句，对先判断后执行循环体的称为_____型循环结构，对先执行循环体后判断的称为_____型循环结构。

10. 使用已有的类定义作为基础建立新类的定义技术是_____。

11. 面向对象的世界是通过对象与对象间相互合作来推动的，对象间的这种相互合作需要一个机制协助进行，这样的机制称为_____。

第11章
软件工程基础

知识要点

基本要求

掌握软件工程的基本方法，具有初步应用相关技术进行软件开发的能力。

考试内容

1. 软件工程基本概念，软件生命周期概念，软件工具与软件开发环境。
2. 结构化分析方法，数据流图，数据字典，软件需求规格说明书。
3. 结构化设计方法，总体设计与详细设计。
4. 软件测试的方法，白盒测试与黑盒测试，测试用例设计，软件测试的实施，单元测试、集成测试和系统测试。
5. 程序的调试，静态调试与动态调试。

考试要点

一、软件工程基本概念

1. 计算机软件是包括程序、数据及相关文档的完整集合。
2. 软件危机泛指在计算机软件的开发和维护过程中所遇到的一系列严重问题。
3. 软件工程是应用于计算机软件的定义、开发和维护的一整套方法、工具、文档、实践标准和工序。软件工程的目的就是要建造一个优良的软件系统，它所包含的内容概括为以下两点。

（1）软件开发技术，主要有软件开发方法学、软件工具、软件工程环境。

（2）软件工程管理，主要有软件管理、软件工程经济学。

4. 软件生命周期是软件产品从提出、实现、使用维护到停止使用退役的过程。软件生命周期分为软件定义、软件开发及软件运行维护三个阶段。软件生命周期中所花费最多的阶段是软件运行维护阶段。

二、结构化分析方法

结构化方法的核心和基础是结构化程序设计理论。

1. 结构化分析方法

结构化分析方法是结构化程序设计理论在软件需求分析阶段的应用。

结构化分析方法的实质：着眼于数据流，自顶向下，逐层分解，建立系统的处理流程，以数据流图和数据字典为主要工具，建立系统的逻辑模型。

结构化分析的常用工具：数据流图（DFD）、数据字典（DD）、判定树、判定表。

数据流图以图形的方式描绘数据在系统中流动和处理的过程，它反映了系统必须完成的逻辑功能，是结构化分析方法中用于表示系统逻辑模型的一种工具。如图 11.1 所示。

图 11.1　数据流图

数据字典的作用是对数据流图中出现的被命名的图形元素的确切解释。数据字典是结构化分析方法的核心。

2．结构化设计方法

（1）概要设计：又称结构设计，将软件需求转化为软件体系结构，确定系统级接口、全局数据结构或数据库模式。

模块分解的主要指导思想是信息隐蔽和模块独立性。模块的耦合性和内聚性是衡量软件的模块独立性的两个定性指标。

内聚性：是一个模块内部各个元素间彼此结合的紧密程度的度量。

耦合性：是模块间互相连接的紧密程度的度量。

一个设计良好的软件系统应具有高内聚、低耦合的特征。在结构化程序设计中，模块划分的原则是模块内具有高内聚度，模块间具有低耦合度。

概要设计中的结构图有四种模块类型：传入模块、传出模块、变换模块和协调模块。如图 11.2 所示，程序结构图的例图及有关术语列举如下。

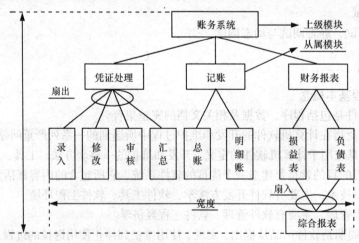

图 11.2　程序结构图

深度：表示控制的层数。

上级模块、从属模块：上、下两层模块 a 和 b，且有 a 调用 b，则 a 是上级模块，b 是从属模块。

宽度：整体控制跨度（最大模块数的层）的表示。

扇入：调用一个给定模块的模块个数。

扇出：一个模块直接调用的其他模块数。

原子模块：树中位于叶子结点的模块。

数据流的类型：大体可以分为两种类型，变换型和事务型。

变换型。变换型数据处理问题的工作过程大致分为三步，即取得数据、变换数据和输出数据。变换型系统结构图由输入、中心变换、输出三部分组成。

事务型。事务型数据处理问题的工作机理是接受一项事务，根据事务处理的特点和性质，选择分派一个适当的处理单元。

（2）详细设计

详细设计是为软件结构图中的每一个模块确定实现算法和局部数据结构，用某种选定的表达工具表示算法和数据结构的细节。详细设计的任务是确定实现算法和局部数据结构，不同于编码或编程。常用的过程设计（即详细设计）工具有以下几种。

图形工具：程序流程图、N-S（方盒图）、PAD（问题分析图）和 HIPO。

表格工具：判定表。

语言工具：PDL（伪码）。

3．软件测试

（1）软件测试定义：使用人工或自动手段来运行或测定某个系统的过程，其目的在于检验它是否满足规定的需求或是弄清预期结果与实际结果之间的差别。软件测试的目的：尽可能地多发现程序中的错误，不能也不可能证明程序没有错误。软件测试的关键是设计测试用例，一个好的测试用例能找到迄今为止尚未发现的错误。

（2）软件测试方法：静态测试和动态测试。

静态测试：包括代码检查、静态结构分析、代码质量度量。不实际运行软件，主要通过人工进行。

动态测试：是基于计算机的测试，主要包括白盒测试方法和黑盒测试方法。

① 白盒测试也称为结构测试或逻辑驱动测试。它是根据软件产品的内部工作过程，检查内部成分，以确认每种内部操作符合设计规格要求。

白盒测试的基本原则：保证所测模块中每一独立路径至少执行一次；保证所测模块所有判断的每一分支至少执行一次；保证所测模块每一循环都在边界条件和一般条件下至少各执行一次；验证所有内部数据结构的有效性。

② 黑盒测试也称为功能测试或数据驱动测试。黑盒测试是对软件已经实现的功能是否满足需求进行测试和验证。

黑盒测试主要诊断功能不对或遗漏、接口错误、数据结构或外部数据库访问错误、性能错误、初始化和终止条件错误。黑盒测试不关心程序内部的逻辑，只是根据程序的功能说明来设计测试用例，主要方法有等价类划分法、边界值分析法、错误推测法等，主要用软件的确认测试。

（3）软件测试过程一般按 4 个步骤进行：单元测试、集成测试、确认测试和系统测试。

① 单元测试的内容包括模块接口测试、局部数据结构测试、错误处理测试和边界测试。

② 集成测试是测试和组装软件的过程，它是把模块在按照设计要求组装起来的同时进行测试，主要目的是发现与接口有关的错误。集成测试的依据是概要设计说明书。集成测试通常采用两种方式：非增量方式组装与增量方式组装。

③ 确认测试的主要依据是软件需求规格说明书。确认测试主要运用黑盒测试法。

④ 系统测试的测试用例应根据需求分析规格说明来设计，并在实际使用环境下来运行。系统测试的具体实施一般包括功能测试、性能测试、操作测试、配置测试、外部接口测试、安全性测试等。

4. 程序的调试

程序调试的任务是诊断和改正程序中的错误，主要在开发阶段进行，调试程序应该由编制源程序的程序员来完成。程序调试的基本步骤：①错误定位；②纠正错误；③回归测试。软件调试可分为静态调试和动态调试。静态调试主要是指通过人的思维来分析源程序代码和排错，是主要的调试手段，而动态调试是辅助静态调试。

主要的软件调试方法如下。

（1）强行排错法。主要方法有通过内存全部打印来排错，在程序特定部位设置打印语句，自动调试工具。

（2）回溯法。发现了错误，分析错误征兆，确定发现"症状"的位置。一般用于小程序。

（3）原因排除法。主要通过演绎、归纳和二分法来实现。

本章应考点拨：本章在笔试中一般占 8 分左右，约 3 道选择题，1 道填空题，是公共基础部分比较重要的一章。从出题的深度来看，本章主要考察对基本概念的识记，有少量对基本原理的理解，没有实际运用，因此考生在复习本章时，重点应放在基本概念的记忆和基本原理的理解上。

习题 11

一、选择题

1. 数据字典（DD）所定义的对象都包含于（　　）。
   A. 程序流程图　　　　　　　　　B. 数据流图（DFD 图）
   C. 方框图　　　　　　　　　　　D. 软件结构图

2. 软件需求规格说明书的作用不包括（　　）。
   A. 软件可行性研究的依据
   B. 用户与开发人员对软件要做什么的共同理解
   C. 软件验收的依据
   D. 软件设计的依据

3. 下面属于黑盒测试方法的是（　　）。
   A. 逻辑覆盖　　B. 语句覆盖　　C. 路径覆盖　　　　D. 边界值分析

4. 下面不属于软件设计阶段任务的是（　　）。
   A. 数据库设计　　　　　　　　　B. 算法设计
   C. 软件总体设计　　　　　　　　D. 制定软件确认测试计划

5. 软件生命周期中的活动不包括（　　）。
   A. 市场调研　　B. 需求分析　　C. 软件测试　　　　D. 软件维护

6. 下面不属于需求分析阶段任务的是（　　）。
   A. 确定软件系统的功能需求　　　B. 确定软件系统的性能需求
   C. 需求规格说明书评审　　　　　D. 制定软件集成测试计划

7. 在黑盒测试方法中，设计测试用例的主要根据是（　　）。
   A. 程序外部功能　　　　　　　　B. 程序数据结构
   C. 程序流程图　　　　　　　　　D. 程序内部逻辑

8. 软件按功能可以分为应用软件、系统软件和支撑软件（或工具软件）。下面属于应用软件的是（　　）。
   A. 学生成绩管理系统　　　　　　B. C 语言编译程序

　　C. UNIX 操作系统　　　　　　　　D. 数据库管理系统

9. 程序调试的任务是（　　　）。

　　A. 设计测试用例　　　　　　　　　B. 验证程序的正确性

　　C. 发现程序中的错误　　　　　　　D. 诊断和改正程序中的错误

10. 下列选项中属于面向对象设计方法主要特征的是（　　　）。

　　A. 继承　　　　B. 自顶向下　　　　C. 模块化　　　　　D. 逐步求精

11. 在软件开发中，需求分析阶段产生的主要文档是（　　　）。

　　A. 软件集成测试计划　　　　　　　B. 软件详细设计说明书

　　C. 用户手册　　　　　　　　　　　D. 软件需求规格说明书

12. 某系统总体结构图如下所示。

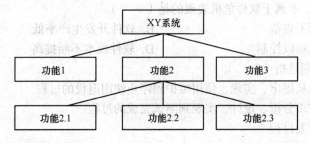

　　该系统总体结构图的深度是（　　　）。

　　A. 7　　　　　　B. 6　　　　　　　C. 3　　　　　　　　D. 2

13. 结构化程序所要求的基本结构不包括（　　　）。

　　A. 顺序结构　　　　　　　　　　　B. GOTO 跳转

　　C. 选择（分支）结构　　　　　　　D. 重复（循环）结构

14. 下面描述中错误的是（　　　）。

　　A. 系统总体结构图支持软件系统的详细设计

　　B. 软件设计是将软件需求转换为软件表示的过程

　　C. 数据结构与数据库设计是软件设计的任务之一

　　D. PAD 图是软件详细设计的表示工具

15. 软件设计中划分模块的一个准则是（　　　）。

　　A. 低内聚低耦合　　　　　　　　　B. 高内聚低耦合

　　C. 低内聚高耦合　　　　　　　　　D. 高内聚高耦合

16. 下列选项中不属于结构化程序设计原则的是（　　　）。

　　A. 可封装　　　　B. 自顶向下　　　C. 模块化　　　　　D. 逐步求精

17. 软件详细设计产生的图如下。

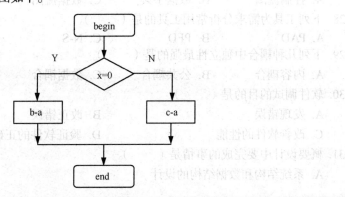

该图是（　　　）。

    A. N-S 图　　　　　　B. PAD 图　　　　　C. 程序流程图　　　D. E-R 图

18. 数据流程图（DFD 图）是（　　　）。

    A. 软件概要设计的工具　　　　　　　　B. 软件详细设计的工具

    C. 结构化方法的需求分析工具　　　　　D. 面向对象方法的需求分析工具

19. 软件生命周期可分为定义阶段、开发阶段和维护阶段。详细设计属于（　　　）。

    A. 定义阶段　　　　　B. 开发阶段　　　　　C. 维护阶段　　　　D. 上述三个阶段

20. 软件测试的目的是（　　　）。

    A. 评估软件可靠性　　　　　　　　　　B. 发现并改正程序中的错误

    C. 改正程序中的错误　　　　　　　　　D. 发现程序中的错误

21. 下面描述中，不属于软件危机表现的是（　　　）。

    A. 软件过程不规范　　　　　　　　　　B. 软件开发生产率低

    C. 软件质量难以控制　　　　　　　　　D. 软件成本不断提高

22. 软件生命周期是指（　　　）。

    A. 软件产品从提出、实现、使用维护到停止使用退役的过程

    B. 软件从需求分析、设计、实现到测试完成的过程

    C. 软件的开发过程

    D. 软件的运行维护过程

23. 面向对象方法中，继承是指（　　　）。

    A. 一组对象所具有的相似性质　　　　　B. 一个对象具有另一个对象的性质

    C. 各对象之间的共同性质　　　　　　　D. 类之间共享属性和操作的机制

24. 下面不属于软件工程的三个要素的是（　　　）。

    A. 工具　　　　　　　B. 过程　　　　　　　C. 方法　　　　　　D. 环境

25. 原因排除法属于（　　　）。

    A. 软件调试方法　　　　　　　　　　　B. 黑盒测试方法

    C. 白盒测试方法　　　　　　　　　　　D. 动态测试方法

26. 下列叙述中正确的是（　　　）。

    A. 软件测试的主要目的是发现程序中的错误

    B. 软件测试的主要目的是确定程序中错误的位置

    C. 为了提高软件测试的效率，最好由程序编制者自己来完成软件测试的工作

    D. 软件测试是证明软件没有错误

27. 下列哪一项不是结构化分析的常用工具？（　　　）。

    A. 控制流图　　　　　B. 数据字典　　　　　C. 数据流图　　　　D. 判定树

28. 下列工具为需求分析常用工具的是（　　　）。

    A. PAD　　　　　　　B. PFD　　　　　　　C. N-S　　　　　　D. DFD

29. 下列几种耦合中独立性最强的是（　　　）。

    A. 内容耦合　　　　　B. 公共耦合　　　　　C. 数据耦合　　　　D. 非直接耦合

30. 软件调试的目的是（　　　）。

    A. 发现错误　　　　　　　　　　　　　B. 改正错误

    C. 改善软件的性能　　　　　　　　　　D. 验证软件的正确性

31. 概要设计中要完成的事情是（　　　）。

    A. 系统结构和数据结构的设计

B. 系统结构和过程的设计

C. 过程和接口的设计

D. 数据结构和过程的设计

32. 在软件生命周期中，能准确地确定软件系统必须做什么和必须具备哪些功能的阶段是（　　）。

A. 概要设计　　　　B. 详细设计　　　　C. 可行性分析　　　　D. 需求分析

33. 边界值分析法属于哪一类测试的常用方法？（　　）。

A. 静态测试　　　　B. 白盒测试　　　　C. 黑盒测试　　　　D. 集成测试

34. 软件是指（　　）。

A. 程序　　　　　　　　　　　　B. 程序和文档

C. 算法加数据结构　　　　　　　D. 程序、数据与相关文档的完整集合

35. 在软件设计中，不属于过程设计工具的是（　　）。

A. PDL（过程设计语言）　　　　B. PAD 图

C. N-S 图　　　　　　　　　　　D. DFD 图

36. 检查软件产品是否符合需求定义的过程是（　　）。

A. 单元测试　　　　B. 集成测试　　　　C. 确认测试　　　　D. 系统测试

37. 按软件的功能划分，需求分析工具软件属于（　　）。

A. 应用软件　　　　B. 系统软件　　　　C. 支撑软件　　　　D. 专用软件

38. 下面不属于静态测试方法的是（　　）。

A. 代码检查　　　　B. 白盒法　　　　C. 静态结构分析　　　　D. 代码质量度量

二、填空题（注意：以命令关键字填空的必须拼写完整）

1. 软件按功能通常可以分为应用软件、系统软件和支撑软件（或工具软件），Unix 操作系统属于＿＿＿＿软件。

2. 常见的软件工程方法有结构化方法和面向对象方法，类、继承以及多态性等概念属于＿＿＿＿。

3. 常见的软件开发方法有结构化方法和面向对象方法。对某应用系统经过需求分析建立数据流图（DFD），则应采用＿＿＿＿方法。

4. 对软件设计的最小单位（模块或程序单元）进行的测试通常称为＿＿＿＿测试。

5. 软件开发过程主要分为需求分析、设计、编码与测试四个阶段，其中＿＿＿＿阶段产生"软件需求规格说明书"。

6. 软件是＿＿＿＿、数据和文档的集合。

7. 在两种基本测试方法中，＿＿＿＿测试的原因之一是保证所测模块中每一个独立路径至少要执行一次。

8. 在数据流图中用○表示＿＿＿＿、用→表示＿＿＿＿、用＝表示＿＿＿＿、用口表示＿＿＿＿。在数据字典中用【…｜…】表示＿＿＿＿、用+表示＿＿＿＿、用**表示＿＿＿＿。在结构图中用口表示＿＿＿＿、用○→表示＿＿＿＿、用●→表示＿＿＿＿。

9. ＿＿＿＿是软件按工程化生产时的重要环节，它要求按照预先制定的计划、进度和预算执行，以实现预期的经济效益和社会效益。

10. 发现用户需求、求精、建模和定义用户需求的过程是＿＿＿＿。

第12章
数据库设计基础

知识要点

基本要求

掌握数据库的基本知识，了解关系数据库的设计。

考试内容

1. 数据库的基本概念：数据库，数据库管理系统，数据库系统。
2. 数据模型，实体联系模型及 E-R 图，从 E-R 图导出关系数据模型。
3. 关系代数运算，包括集合运算及选择、投影、连接运算，数据库规范化理论。
4. 数据库设计方法和步骤：需求分析、概念设计、逻辑设计和物理设计的相关策略。

考试要点

一、数据库系统的基本概念

1. 数据、数据库、数据管理系统

（1）数据：实际上就是描述事物的符号记录。

（2）数据库（DB）：是数据的集合，具有统一的结构形式并存放于统一的存储介质内，是多种应用数据的集成，并可被各个应用程序所共享。

（3）数据库管理系统（DBMS）：一种系统软件，负责数据库中的数据组织、数据操纵、数据维护、控制和保护以及数据服务等，是数据库的核心。

（4）数据完整性与安全性的维护是数据库系统的基本功能。

（5）数据库系统（DBS）：由数据库（数据）、数据库管理系统（软件）、数据库管理员（人员）、硬件平台（硬件）、软件平台（软件）五个部分构成的运行实体。

（6）数据库应用系统：由数据库系统、应用软件和应用界面三者组成。

2. 数据库系统的发展

数据库管理发展至今已经历了三个阶段：人工管理阶段、文件系统阶段和数据库系统阶段。

3. 数据独立性

数据独立性一般分为物理独立性与逻辑独立性两级。

（1）物理独立性。物理独立性即是数据的物理结构（包括存储结构、存取方式等）的改变，如存储设备的更换、物理存储的更换、存取方式改变等都不影响数据库的逻辑结构，从而不致引起应用程序的变化。

（2）逻辑独立性。数据库总体逻辑结构的改变，如修改数据模式、增加新的数据类型、改变数据间联系等，不需要相应修改应用程序，这就是数据的逻辑独立性。

二、数据库系统的内部结构体系

1. 数据库系统的三级模式

（1）概念模式：数据库系统中全局数据逻辑结构的描述，是全体用户（应用）公共数据视图。

（2）外模式：也称子模式或用户模式，它是用户的数据视图，也就是用户所见到的数据模式，它由概念模式推导而出。

（3）内模式：又称物理模式，它给出了数据库物理存储结构与物理存取方法。内模式的物理性主要体现在操作系统及文件级上，它还未深入到设备级上（如磁盘及磁盘操作）。内模式对一般用户是透明的，但它的设计直接影响数据库的性能。

2. 数据库系统的两级映射

（1）概念模式/内模式的映射：实现了概念模式到内模式之间的相互转换。当数据库的存储结构发生变化时，通过修改相应的概念模式/内模式的映射，使得数据库的逻辑模式不变，其外模式不变，应用程序不用修改，从而保证数据具有很高的物理独立性。

（2）外模式/概念模式的映射：实现了外模式到概念模式之间的相互转换。当逻辑模式发生变化时，通过修改相应的外模式/逻辑模式映射，使得用户所使用的那部分外模式不变，从而应用程序不必修改，保证数据具有较高的逻辑独立性。

3. 数据模型分为概念模型、逻辑数据模型和物理模型三类

（1）概念数据模型：是对客观世界复杂事物的结构描述及它们之间的内在联系的刻画。概念模型主要有 E-R 模型（实体联系模型）、扩充的 E-R 模型、面向对象模型及谓词模型等。

（2）逻辑数据模型：又称数据模型，是一种面向数据库系统的模型，该模型着重于在数据库系统一级的实现。逻辑数据模型主要有层次模型、网状模型、关系模型、面向对象模型等。

（3）物理数据模型：又称物理模型，它是一种面向计算机物理表示的模型，此模型给出了数据模型在计算机上物理结构的表示。

三、实体联系模型及 E-R 图

1. E-R 模型的基本概念。

（1）实体：现实世界中的事物。

（2）属性：事物的特性。

（3）联系：现实世界中事物间的关系。实体集的关系有一对一、一对多、多对多的联系。E-R 模型三个基本概念之间的联接关系：①实体集（联系）与属性间的联接关系；②实体（集）与联系。

2. E-R 模型的图示法。

（1）实体集：用矩形表示。

（2）属性：用椭圆形表示。

（3）联系：用菱形表示。

3. 关系模型采用二维表来表示，简称表，由表框架及表的元组组成。一个二维表就是一个关系。

四、表约束关系

1. 主码：或称为关键字、主键，简称码、键，表中的一个属性或几个属性的组合，其值能唯一地标识表中一个元组的，称为关系的主码或关键字。例如，学生的学号。主码属性不能取空值。

外部关键字：或称为外键，在一个关系中含有与另一个关系的关键字相对应的属性组称为该关系的外部关键字。外部关键字取空值或为外部表中对应的关键字值。例如，在学生表中含有的

所属班级名字，是班级表中的关键字属性，它是学生表中的外部关键字。

2. 关系中的数据约束。

（1）实体完整性约束：要求关系的主键中属性值不能为空值，因为主键是唯一决定元组的，如为空值则其唯一性就成为不可能的了。

（2）参照完整性约束：关系之间相互关联的基本约束，不允许关系引用不存在的元组，即在关系中的外键要么是所关联关系中实际存在的元组，要么为空值。

（3）用户定义的完整性约束：反映某一具体应用所涉及的数据必须满足的语义要求。例如某个属性的取值范围在 0～100 之间等。

3. 在关系型数据库管理系统中，基本的关系运算有选择、投影与联接三种操作。

（1）选择。选择指的是从二维关系表的全部记录中，把那些符合指定条件的记录挑出来。

（2）投影。投影是从所有字段中选取一部分字段及其值进行操作，它是一种纵向操作。

（3）联接。联接将两个关系模式拼接成一个更宽的关系模式，生成的新关系中包含满足联接条件的元组。

4. 数据库设计阶段包括需求分析、概念分析、逻辑设计、物理设计。

本章应考点拨：本章在考试中一般出现 2～4 个小题。本章内容概括性强，比较抽象，难于理解，因此建议考生在复习的时候，首先熟读讲义，其次对数据库系统的基本概念及原理等知识要注意理解、加强记忆。

习题 12

一、选择题

1. 在关系数据库中，用来表示实体间联系的是（　　　）。

    A. 二维表　　　　　　　B. 树状结构　　　　　C. 属性　　　　　　　　D. 网状结构

2. 公司中有多个部门和多名职员，每个职员只能属于一个部门，一个部门可以有多名职员，则实体部门和职员间的联系是（　　　）。

    A. m:1 联系　　　　　　B. 1:m 联系　　　　　C. 1:1 联系　　　　　　D. m:n 联系

3. 有两个关系 R 和 S 如下。

R		
A	B	C
a	1	2
b	2	1
c	3	1

S		
A	B	C
c	3	1

则由关系 R 得到关系 S 的操作是（　　　）。

    A. 自然连接　　　　　　B. 选择　　　　　　　C. 并　　　　　　　　　D. 投影

4. 不属于数据管理技术发展三个阶段的是（　　　）。

    A. 文件系统管理阶段　　　　　　　　　　　B. 高级文件管理阶段

    C. 手工管理阶段　　　　　　　　　　　　　D. 数据库系统阶段

5. 在满足实体完整性约束条件下（　　　）。

    A. 一个关系中必须有多个候选关键字

    B. 一个关系中必须只能有一个候选关键字

    C. 一个关系中应该有一个或多个候选关键字

D. 一个关系中可以没有候选关键字

6. 在下列模式中，能够给出数据库物理存储结构和物理存取方法的是（　　）。

    A. 外模式　　　　　　B. 逻辑模式　　　　　C. 概念模式　　　　　D. 内模式

7. 有三个关系 R、S 和 T 如下。

R		
A	B	C
a	1	2
b	2	1
c	3	1

S		
A	B	C
a	1	2
d	2	1

T		
A	B	C
b	2	1
c	3	1

则由关系 R 和 S 得到关系 T 的操作是（　　）。

    A. 并　　　　　　　　B. 差　　　　　　　　C. 交　　　　　　　　D. 自然连接

8. 下列关于数据库设计的叙述中，正确的是（　　）。

    A. 在需求分析阶段建立数据字典

    B. 在概念设计阶段建立数据字典

    C. 在逻辑设计阶段建立数据字典

    D. 在物理设计阶段建立数据字

9. 数据库系统的三级模式不包括（　　）。

    A. 概念模式　　　　　B. 内模式　　　　　　C. 外模式　　　　　　D. 数据模式

10. 有三个关系 R、S 和 T 如下。

R		
A	B	C
a	1	2
b	2	1
c	3	1

S		
A	B	C
a	1	2
b	2	1

T		
A	B	C
c	3	1

则由关系 R 和 S 得到关系 T 的操作是（　　）。

    A. 自然连接　　　　　B. 差　　　　　　　　C. 交　　　　　　　　D. 并

11. 负责数据库中查询操作的数据库语言是（　　）。

    A. 数据定义语言　　　　　　　　　　　B. 数据管理语言

    C. 数据操纵语言　　　　　　　　　　　D. 数据控制语言

12. 一个教师可讲授多门课程，一门课程可由多个教师讲授。则实体教师和课程间的联系是（　　）。

    A. 1:1 联系　　　　　B. 1:m 联系　　　　　C. m:1 联系　　　　　D. m:n 联系

13. 有三个关系 R、S 和 T 如下。

R		
A	B	C
a	1	2
b	2	1
c	3	1

S	
A	B
c	3

T
C
1

则由关系 R 和 S 得到关系 T 的操作是（　　）。

    A. 自然连接　　　　　B. 交　　　　　　　　C. 除　　　　　　　　D. 并

14. 数据库管理系统是（　　）。

A. 操作系统的一部分　　　　　　　B. 在操作系统支持下的系统软件

C. 一种编译系统　　　　　　　　　D. 一种操作系统

15. 在 E-R 图中，用来表示实体联系的图形是（　　）。

A. 椭圆图　　　　　B. 矩形　　　　　C. 菱形　　　　　D. 三角形

16. 有三个关系 R、S 和 T 如下。

R		
A	B	C
a	1	2
b	2	1
c	3	1

S		
A	B	C
d	3	2

T		
A	B	C
a	1	2
b	2	1
c	3	1
d	3	2

其中关系 T 由关系 R 和 S 通过某种操作得到，该操作为（　　）。

A. 选择　　　　　B. 投影　　　　　C. 交　　　　　D. 并

17. 数据库管理系统中负责数据模式定义的语言是（　　）。

A. 数据定义语言　　　　　　　　　B. 数据管理语言

C. 数据操纵语言　　　　　　　　　D. 数据控制语言

18. 在学生管理的关系数据库中，存取一个学生信息的数据单位是（　　）。

A. 文件　　　　　B. 数据库　　　　　C. 字段　　　　　D. 记录

19. 数据库设计中，用 E-R 图来描述信息结构但不涉及信息在计算机中的表示，它属于数据库设计的（　　）。

A. 需求分析阶段　　　　　　　　　B. 逻辑设计阶段

C. 概念设计阶段　　　　　　　　　D. 物理设计阶段

20. 下列关于关系数据库中数据表的描述，正确的是（　　）。

A. 数据表相互之间存在联系，但用独立的文件名保存

B. 数据表相互之间存在联系，是用表名表示相互间的联系

C. 数据表相互之间不存在联系，完全独立

D. 数据表既相对独立，又相互联系

21. 有两个关系 R 和 T 如下。

R		
A	B	C
a	1	2
b	2	2
c	3	2
d	3	2

T		
A	B	C
c	3	3
d	2	2

则由关系 R 得到关系 T 的操作是（　　）。

A. 选择　　　　　B. 投影　　　　　C. 交　　　　　D. 并

22. 下列对数据输入无法起到约束作用的是（　　）。

A. 输入掩码　　　　B. 有效性规则　　　　C. 字段名称　　　　D. 数据类型

23. 层次型、网状型和关系型数据库划分原则是（　　）。

A. 记录长度　　　　　　　　　　　B. 文件的大小

C. 联系的复杂程度　　　　　　　　D. 数据之间的联系方式

24. 一个工作人员可以使用多台计算机，而一台计算机可被多个人使用，则实体工作人员与实体计算机之间的联系是（　　）。

　　A. 一对一　　　　　B. 一对多　　　　C. 多对多　　　　D. 多对一

25. 数据库设计中反映用户对数据要求的模式是（　　）。

　　A. 内模式　　　　　B. 概念模式　　　C. 外模式　　　　D. 设计模式

26. 有三个关系 R、S 和 T 如下。

R		
A	B	C
a	1	2
b	2	1
c	3	1

S	
A	D
c	4

T			
A	B	C	D
c	3	1	4

　　则由关系 R 和 S 得到关系 T 的操作是（　　）。

　　A. 自然连接　　　　B. 交　　　　　　C. 投影　　　　　D. 并

27. 在 E-R 图中，用来表示实体之间联系的图形是（　　）。

　　A. 矩形　　　　　　B. 椭圆形　　　　C. 菱形　　　　　D. 平行四边形

28. 数据库概念设计过程分三个步骤进行：首先选择局部应用，再进行局部视图设计，最后进行（　　）。

　　A. 数据集成　　　　B. 视图集成　　　C. 过程集成　　　D. 视图分解

29. 数据库设计的基本任务是根据用户对象的信息需求、处理需求和数据库的支持环境设计出（　　）。

　　A. 数据模式　　　　B. 过程模式　　　C. 数据类型　　　D. 数据结构

30. 数据库的三级模式中不涉及具体的硬件环境与平台，也与具体的软件环境无关的模式是（　　）。

　　A. 概念模式　　　　B. 外模式　　　　C. 内模式　　　　D. 子模式

31. 为提高数据库的运行性能和速度而对数据库实施的管理活动有（　　）。

　　A. 数据库的建立和加载　　　　　　　B. 数据库的调整和重组

　　C. 数据库安全性控制和完整性控制　　D. 数据库的故障恢复

32. 当数据库中的数据遭受破坏后要实施的数据库管理是（　　）。

　　A. 数据库的备份　　　　　　　　　　B. 数据库的恢复

　　C. 数据库的监控　　　　　　　　　　D. 数据库的加载

33. 相对于数据库系统，文件系统的主要缺陷有数据关联差、数据不一致性和（　　）。

　　A. 可重用性差　　　B. 安全性差　　　C. 非持久性　　　D. 冗余性

34. 在数据库设计中，将 E-R 图转换成关系数据模型的过程属于（　　）。

　　A. 需求分析阶段　　　　　　　　　　B. 逻辑设计阶段

　　C. 概念设计阶段　　　　　　　　　　D. 物理设计阶段

35. 下列有关数据库的描述，正确的是（　　）。

　　A. 数据库是一个 DBF 文件　　　　　　B. 数据库是一个关系

　　C. 数据库是一个结构化的数据集合　　D. 数据库是一组文件

二、填空题（注意：以命令关键字填空的必须拼写完整）

1. 数据独立性分为逻辑独立性和物理独立性。当总体逻辑结构改变时，其局部逻辑结构可以不变，从而根据局部逻辑结构编写的应用程序不必修改，称为_____。

2. 关系数据库中能实现的专门关系运算包括_____、连接和投影。

3. 数据库系统的数据_____性是指保证数据正确的特性。

4. 数据库管理系统提供的数据语言中，负责数据的增、删、改和查询的是_____。

5. 在将 E-R 图转换到关系模型时，实体和联系都可以表示成_____。

6. 数据库系统的数据完整性是指保证数据的_____的特性。

7. 数据库系统的核心是_____。

8. 在进行关系数据库的逻辑设计时，E-R 图中的属性常被转换为关系中的属性，联系通常被转换为_____。

9. 实体完整性约束要求关系数据库中元组的_____属性值不能为空。

10. 在关系 A(S，SN，D)和关系 B(D，CN，NM)中，A 的主关键字是 S，B 的主关键字是 D，则称_____是关系 A 的外码。

11. 在数据库技术中，实体集之间的联系可以是一对一或一对多的，那么"学生"和"可选课程"的联系为_____。

12. 人员基本信息一般包括身份证号、姓名、性别、年龄等。其中可以做主关键字的是_____。

13. 有一个学生选课的关系，其中学生的关系模式为学生（学号，姓名，班级，年龄），课程的关系模式为课程（课号，课程名，学时），其中两个关系模式的键分别是学号和课号，则关系模式选课可定义为选课（学号，_____，成绩）。

14. 数据库设计的四个阶段是需求分析、概念设计、逻辑设计和_____。

15. 三级模式中反映用户对数据的要求的模式是_____。

16. 数据模型按不同的应用层次分成三种类型：概念数据模型、逻辑数据模型和_____。

附 录

附录 A ASCII 码表

二进制编码	十进制编码	十六进制编码	缩写/字符	解　释
00000000	0	00	NUL(null)	空字符
00000001	1	01	SOH(start of handling)	标题开始
00000010	2	02	STX (start of text)	正文开始
00000011	3	03	ETX (end of text)	正文结束
00000100	4	04	EOT (end of transmission)	传输结束
00000101	5	05	ENQ (enquiry)	请求
00000110	6	06	ACK (acknowledge)	收到通知
00000111	7	07	BEL (bell)	响铃
00001000	8	08	BS (backspace)	退格
00001001	9	09	HT (horizontal tab)	水平制表符
00001010	10	0A	LF (NL line feed, new line)	换行键
00001011	11	0B	VT (vertical tab)	垂直制表符
00001100	12	0C	FF (NP form feed, new page)	换页键
00001101	13	0D	CR (carriage return)	回车键
00001110	14	0E	SO (shift out)	不用切换
00001111	15	0F	SI (shift in)	启用切换
00010000	16	10	DLE (data link escape)	数据链路转义
00010001	17	11	DC1 (device control 1)	设备控制 1
00010010	18	12	DC2 (device control 2)	设备控制 2
00010011	19	13	DC3 (device control 3)	设备控制 3
00010100	20	14	DC4 (device control 4)	设备控制 4
00010101	21	15	NAK (negative acknowledge)	拒绝接收
00010110	22	16	SYN (synchronous idle)	同步空闲
00010111	23	17	ETB (end of trans. block)	传输块结束
00011000	24	18	CAN (cancel)	取消

续表

二进制编码	十进制编码	十六进制编码	缩写/字符	解　释
00011001	25	19	EM (end of medium)	介质中断
00011010	26	1A	SUB (substitute)	替补
00011011	27	1B	ESC (escape)	溢出
00011100	28	1C	FS (file separator)	文件分割符
00011101	29	1D	GS (group separator)	分组符
00011110	30	1E	RS (record separator)	记录分离符
00011111	31	1F	US (unit separator)	单元分隔符
00100000	32	20		空格
00100001	33	21	!	
00100010	34	22	"	
00100011	35	23	#	
00100100	36	24	$	
00100101	37	25	%	
00100110	38	26	&	
00100111	39	27	'	
00101000	40	28	(	
00101001	41	29	)	
00101010	42	2A	*	
00101011	43	2B	+	
00101100	44	2C	,	
00101101	45	2D	-	
00101110	46	2E	.	
00101111	47	2F	/	
00110000	48	30	0	
00110001	49	31	1	
00110010	50	32	2	
00110011	51	33	3	
00110100	52	34	4	
00110101	53	35	5	
00110110	54	36	6	
00110111	55	37	7	
00111000	56	38	8	
00111001	57	39	9	
00111010	58	3A	:	
00111011	59	3B	;	
00111100	60	3C	<	
00111101	61	3D	=	
00111110	62	3E	>	

二进制编码	十进制编码	十六进制编码	缩写/字符	解　释
00111111	63	3F	?	
01000000	64	40	@	
01000001	65	41	A	
01000010	66	42	B	
01000011	67	43	C	
01000100	68	44	D	
01000101	69	45	E	
01000110	70	46	F	
01000111	71	47	G	
01001000	72	48	H	
01001001	73	49	I	
01001010	74	4A	J	
01001011	75	4B	K	
01001100	76	4C	L	
01001101	77	4D	M	
01001110	78	4E	N	
01001111	79	4F	O	
01010000	80	50	P	
01010001	81	51	Q	
01010010	82	52	R	
01010011	83	53	S	
01010100	84	54	T	
01010101	85	55	U	
01010110	86	56	V	
01010111	87	57	W	
01011000	88	58	X	
01011001	89	59	Y	
01011010	90	5A	Z	
01011011	91	5B	[	
01011100	92	5C	\	
01011101	93	5D	]	
01011110	94	5E	^	
01011111	95	5F	_	
01100000	96	60	`	
01100001	97	61	a	
01100010	98	62	b	
01100011	99	63	c	
01100100	100	64	d	
01100101	101	65	e	
01100110	102	66	f	

续表

二进制编码	十进制编码	十六进制编码	缩写/字符	解　释
01100111	103	67	g	
01101000	104	68	h	
01101001	105	69	i	
01101010	106	6A	j	
01101011	107	6B	k	
01101100	108	6C	l	
01101101	109	6D	m	
01101110	110	6E	n	
01101111	111	6F	o	
01110000	112	70	p	
01110001	113	71	q	
01110010	114	72	r	
01110011	115	73	s	
01110100	116	74	t	
01110101	117	75	u	
01110110	118	76	v	
01110111	119	77	w	
01111000	120	78	x	
01111001	121	79	y	
01111010	122	7A	z	
01111011	123	7B	{	
01111100	124	7C			
01111101	125	7D	}	
01111110	126	7E	~	
01111111	127	7F	DEL (delete)	删除

附录 B　计算机指法

　　计算机键盘输入是一项技术性较强的工作，它以键盘为工具，按着一定的规则通过视觉和手指的条件反射作用，快速地在键盘上敲击相应按键。初学者只要掌握并主动遵守键盘操作规范，就能掌握键盘输入技术。

1．正确的操作姿势

　　① 正确的操作姿势有利于提高录入速度，初学者从第一次上机开始就要注意击键的姿势。如果一开始就放松了要求，姿势就不正确，不但会影响输入的速度和准确度，而且易使人疲劳，再者一旦开始没养成好的习惯，以后想纠正就困难了。

　　坐时腰背挺直，下肢自然地平放在地上，身体微向前倾，人体与键盘距离约为 20cm 左右。

　　② 手臂、肘、腕的姿势应是两肩放松，两臂自然下垂，肘与腰部距离 5～10cm。座椅高度以手臂与键盘桌面平行为宜，以便于手指灵活操作。

③ 手掌与手指呈弓形，手指略弯曲，轻放在基准键上，指尖触键。左右手大拇指轻放在空格键上，大拇指外侧触键。

④ 显示器应放在键盘的正后方，或右移 5 ~ 6cm，输入的文稿一般放在键盘的左侧，以便于阅读文稿和屏幕。

2. 规范化的指法

① 基准键

基准键共有 8 个，左边的 4 个键是 A、S、D、F，右边的 4 个键是 J、K、L、；。操作时，左手小拇指放在 A 键上，无名指放在 S 键上，中指放在 D 键上，食指放在 F 键上；右手小拇指放在；键上，无名指放在 L 键上，中指放在 K 键上，食指放在 J 键上。

② 键位分配

提高输入速度的途径和目标之一是实现盲打（即击键时眼睛不看键盘只看稿纸），为此要求每一个手指所击打的键位是固定的，如图 B.1 所示，左手小拇指管辖 Z、A、Q、1 四键，无名指管辖 X、S、W、2 键，中指管辖 C、D、E、3 键，食指管辖 V、F、R、4 键，右手四个手指管辖范围依次类推，两手的拇指负责空格键，B、G、T、5 键，N、H、Y、6 键也分别由左、右手的食指管辖。

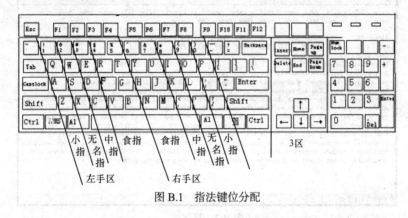

图 B.1　指法键位分配

③ 指法

操作时，两手各手指自然弯曲、悬腕放在各自的基准键位上，眼睛看稿纸或显示器屏幕。输入时手略抬起，只有需击键的手指可伸出击键，击键后手形恢复原状。在基准键以外击键后，要立即返回到基准键。基准键 F 键与 J 键下方各有一凸起的短横作为标记，供"回归"时触摸定位。

双手的八个指头一定要分别轻轻放在 A、S、D、F、J、K、L；八个基准键位上，两个大拇指轻轻放在空格键上。

手指击键的要领如下。

- 手腕平直，手指略微弯曲，指尖后的第一关节应近乎垂直地放在基准键位上。
- 击键时，指尖垂直向下，瞬间发力触键，击毕应立即回复原位。
- 击空格键时，用大拇指外侧垂直向下敲击，击毕迅速抬起，否则会产生连击。
- 需要换行时，右手四指稍展开，用小指击回车键（Enter 键），击毕，右手立即返回到原基准键位上。
- 输入大写字母时，用一个小手指按下 Shift 键不放，用另一手的手指敲击相应的字母键，有时也按下 Caps Lock 键，使其后打入的字母全部为大写字母。

3. 启动写字板，练习输入方法

将鼠标移到屏幕左下角的"开始"按钮上，按一下鼠标左键，此时会弹出一个菜单，依照"开始"→"程序"→"附件"→"写字板"的顺序，可以进入写字板程序，如图 B.2 所示。写字板程序运行后，就可以在写字板中输入文字信息了。

在写字板中编辑文字时，每输完一行，按一下回车键（Enter 键），可切换到下一行。如输入有错，可按退格键（Backspace 键）来删除。

① 输入小写字母

aaaa bbbb cccc dddd eeee ffff gggg hhhh iiii jjjj kkkk llll mmmm
nnnn oooo pppp qqqq rrrr ssss tttt uuuu vvvv wwww xxxx yyyy zzzz

② 输入大写字母

按下 Caps Lock 键将切换到大写状态（大写状态时 Caps　Lock 指示灯发光），然后输入以下内容。
AAAA BBBB CCCC DDDD EEEE FFFF GGGG HHHH IIII JJJJ KKKK LLLL MMMM
NNNN OOOO PPPP QQQQ RRRR SSSS TTTT UUUU VVVV WWWW XXXX YYYY ZZZZ

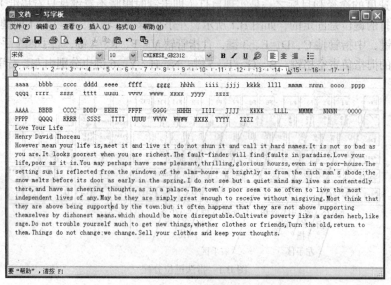

图 B.2　写字板

③ 输入字符练习

dkjf aslk idksla Ikjfds id fdsaild fjkd ljdfs asdf aslkj dsafd daik fdsa asdfjld fdsaiki Nfdsa asdt sal sad dad fal fil fl dad dad sad gb lss sad laskld jki Ikj das fdsaild jki Ikj asdf fidksal　Ikjfdsa dkslla dll dall saadaad　ajld isal Msal asdfiki i1sla jjaass jas jas Ikalkahs　dlall　daldkdf jldafjk asdrikj　ask jflc'llsa　asdf fdsa　ask　asdf lilju' haal jail　flat jail jas　sal idksladaldkdfjldedk sp jfkdSS ad SSll。

<Well>, fill, hunythe, os, q<Uo <,,,. o, o >,,,, h,,,,,,, j o o o o o k ...... axs<d>f>g >>I<< y <<,,,,, tyur..... .. Hop, <>.>,<>,<>it<.he, o o his,<o o they,ther.. ...high.. .qruo <,,.) o, o>,,,, h,,,,,,, j o o o o o k.. .... ass<d>f>g >>I << y <<,,,,, tyor. .... .. Hop, <>.>,<>,<>it<.he, o ohis <a>.>,<l>,<g>it<.he, o h. his,<ghjfa o ksla'. they.. ....<well>, fill, hony<hurr, os, q<Uo<.,,. o, o >, l l l h,,,,,,, j o o o o o k ...... axs<d>bg >>l << y <<,,,,, tyur....... Hmp,<>.>,<>,<>it<.he, o o his,<o o they,there .....hight .. .q<uo <,.,.l o, o >,,,, h,,,,,,, j o o o o o k -.....

④ 大小写字母的输入练习

Love Your Life
Henry David Thoreau

However mean your life is,meet it and live it ；do not shun it and call it hard names.It is not so bad as you are.It looks poorest when you are richest.The fault-finder will find faults in paradise.Love your life,poor as it is.You may perhaps have some pleasant,thrilling,glorious hours,even in a poor-house.The setting sun is reflected from the windows of the alms-house as brightly as from the rich man's abode；the snow melts before its door as early in the spring.I do not see but a quiet mind may live as contentedly there,and have as cheering thoughts,as in a palace.The town's poor seem to me often to live the most independent lives of any.May be they are simply great enough to receive without misgiving.Most think that they are above being supported by the town；but it often happens that they are not above supporting themselves by dishonest means.which should be more disreputable.Cultivate poverty like a garden herb,like sage.Do not trouble yourself much to get new things,whether clothes or friends,Turn the old,return to them.Things do not change；we change.Sell your clothes and keep your thoughts.

⑤　输入数字及符号

请输入以下内容。

1234567890　　23456789000　-=2345678　90-098765　432109876　5432198　76543~　!@#$% ^&*()_++_) (*& ^% #@234 5~!@ #$ % ^ &*_)(* ^% $"　　:"":" "<>　　?{}){ {\} [[ ]} 　][\; ',. /<>　>??> <>??

在输入符号时，有些符号在双字符键的上档，在输入这些符号时，先按住 Shift 键不放，再按下符号键。Shift+字母的组合也可以用来输入单个大写字母。

附录 C　常用的中文输入法

随着计算机的发展，汉字输入法也越来越多，掌握汉字输入法已成为我们日常使用计算机的基本要求。根据汉字编码的不同，汉字输入法可分为三种：字音编码法、字形编码法和音形结合编码法。目前，使用最多的字音编码有全拼输入法、双拼输入法和智能 ABC 输入法等。

1.　全拼输入法

在众多输入法中，全拼输入法是最简单的汉字输入法，它是使用汉字的拼音字母作为编码，只要知道汉字的拼音就可以输入汉字。因此它的编码较长，击键较多，而且由于汉字同音字多，所以重码很多，输入汉字时要选字，不方便盲打。

（1）输入单个汉字

在全拼输入状态下，直接输入汉字的汉语拼音编码就可以输入单个汉字。

使用全拼输入法输入"中"字，其操作步骤如下。

①　先切换至全拼输入法状态。

②　输入"中"的汉语拼音"zhong"，注意要输入小写字母，此时即会出现一个提示板，如图 C.1 所示。

③　在提示板内可以看到"中"字对应的数字键为 1，按数字键 1 或直接按空格键即可输入"中"字。如果在当前提示板中的 10 个汉字中都没有需要的汉字，可以通过单击提示板右上方的向右或向左黑三角，或者按 Page Down 键来进行重码区的翻页，直到提示板中显示需要的汉字，再按相应的数字键即可。

图 C.1　输入拼音后出现一个提示板

（2）输入词组

输入词组不仅可以减少编码，也可以减少输入时的重码数，从而使输入的准确性提高、输入速度加快。使用全拼输入法，可输入的词组有双字词组、三字词组、四字词组和多字词组，除了多字词组外，在输入时都要求全码输入。

2.　双拼输入法

双拼输入法的编码原则是将汉语拼音的声母和韵母分别用一个单字母或符号来编码，因而每个汉字都是由两个编码组成。它是利用字音的单音节声韵双拼的特点，如果一个汉字没有声母，则声母编码用零声母来代替。

与全拼输入法相比，双拼输入法的最大优点在于编码短，击键次数少，输入速度相对较快。

使用双拼输入法输入二字词汇"计算"，其输入顺序如下。

（1）先切换至双拼输入法的状态。

（2）输入双字词汇中每个字的声、韵母，即"计"字的声、韵母为"ji"，"算"的声、韵母为"sr"。

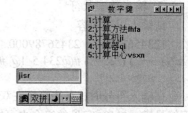

（3）双字词汇中两个字的声、韵母输入完成后，屏幕上会出一个提示板，如图 C.2 所示。

（4）在提示板中可以看到词汇"计算"对应的数字号为1，此时键入结束码（即空格键），或按数字键 1 即可。

图 C.2　声、韵母输入完成后的提示板

在输入词汇时，完成了声、韵母的输入后，如果键入空格键后只输入了第一个汉字，要想输入第二个汉字，则再次按下空格键即可。

3．智能 ABC 输入法

智能 ABC 输入法在全拼输入法的基础上进行了改善，它是目前使用较普遍的一种拼音输入法，仅次于五笔字型输入法。它将汉字拼音进行简化，把一些常用的拼音字母组合起来，用单个拼音字母来代替，从而减少了编码的长度，大大提高了输入汉字的速度。

在使用智能 ABC 输入法输入汉字时，其特点主要体现在词组和语句的输入。

使用智能 ABC 输入法输入多字词组"中国人民解放军"，其输入过程如下。

（1）先切换输入法至智能 ABC 输入法的状态。

（2）输入多字词组"中国人民解放军"中每个汉字的第一个拼音字母，即"zgrmjfj"（输入的字母必须为小写字母）。

（3）输入完成后，按空格键或回车键（如果确定输入的多个汉字是词组，按空格键即可显示出整个词组）屏幕上即会显示一个提示板，如图 C.3 所示。

按下回车键后出现的提示面板　　　　　按下空格键后出现的提示面板

图 C.3　使用智能 ABC 输入多字词组

（4）需要的词组汉字都出现后，键入空格键或回车键即可输入该词组。

当输入完该语句中每个汉字的第一个字母时，按下空格键或回车键后，只有一个或几个汉字显示（如有重码，可键入需要汉字前的数字序号），再次按空格键或回车键，并在出现的提示板中进行选择，直到整个语句出现后，按空格键或回车键即可输入一个语句。

用智能 ABC 输入法录入过的句子，计算机系统会记住该句子，下次再录入该句子时，输入该句子编码后，按回车键提示行中即可出现该句子。

使用智能 ABC 输入法输入句子"今天天气很好"，其输入过程如下。

（1）先切换至智能 ABC 输入法状态。

（2）输入句子"今天天气很好"中每个汉字的第一个拼音字母，即"jttqhh"（输入的字母必须为小写字母）。

（3）编码输入完成后，按下空格键，此时整个句子都显示在提示行中（即提示行显示 今天天气很好 ），表示以前用智能 ABC 输入法录入过该句子。

（4）再次按空格键即可。

4. 五笔字型输入法

前面我们已介绍了三种比较常用的输入法，在日常应用中，非专业汉字录入人员大多使用这三种输入法，因为它们具有学习容易、操作简便的特点，但是它们编码较长，输入速度也相对较慢，而且由于重码较多，经常要进行选择，所以不便实现盲打。因此，对于专业录入和想提高输入速度的人来说，就有点不太合适。目前大多数专业录入人员使用的汉字输入法是五笔字型输入法。

五笔字型输入法的优点如下。

- 码长短，重码率低。
- 输入一个汉字或词组最多只要击键四下，并且还有大量的各级简码汉字。
- 输入每一个汉字都有规则可循、输入简便。

因此，五笔字型输入法是目前输入汉字最快、应用最广泛的一种汉字输入法，广大专业输入汉字的工作人员大多使用该输入法。

（1）五种基本笔画

在书写汉字时，不间断地一次连续写成的一个线条叫做汉字的一个笔画，在五笔字型输入法中，将汉字的笔画归结为横、竖、撇、捺、折五种。

在五笔字型输入法中，笔画是组成字根的基本单位，其基本字根有 130 个，加上一些基本字根的变形，共有 200 个左右。这些字根按照其运笔方式又分为 5 个区（即字母走向），即横起笔画类、竖起笔画类、撇起笔画类、捺起笔画类和折起笔画类，其中每个区都分为 5 组，共 25 组。五种笔画的代号、走向、各种变形及字母的走向，如表 C.1 所示。

表 C.1　　　　　　　　　　　汉字的五种基本笔画

代　　号	笔画名称	笔画走向	笔　画	字母走向
1	横	从左到右	一和／	G—A
2	竖	从上到下	∣和亅	H—M
3	撇	从右上到左下	丿	T—Q
4	捺	从左上到右下	、和＼	Y—P
5	折	各方向转折	乙	N—X

从表 C.1 中可以看到，分别用 1、2、3、4、5 来代表五种不同的笔画：在横笔画中，除了一般的横线外，提笔画也归于横笔画一类；在竖笔画栏中，除了竖笔画外，带左钩的竖线也属于竖笔画类；捺笔画还包括了点笔画在内；带有转折的所有笔画都属于折笔画内。

① 横起笔画类

横起笔画是以从左至右的方向来运笔的，并包括以从左下到右上的方向运笔的提笔画在内。如"功"字的左边部分最后一画"／"，它是以从左下至右下的方向运笔的，所以可以意为横笔画"一"，即该部分看成"工"字根来录入；再如"刁"字，它的最后一笔也是"／"，如果这里不把它看横笔画"一"的话，是没法打出来的。因此在使用五笔字型输入法时，凡运笔方向从左到右和从左下到右上的笔画都为横起笔画类。如表 C.2 所示为横起笔画类区域。

表 C.2   横起笔画区

区 位	编 码	字 根	字根助记词
11	G	王𡕋五一戋	王旁青头兼（戋）五一
12	F	土士干二十雨寸卅	土士二干十寸雨
13	D	大犬古石厈厂三手手厂ナ犭	大犬三羊古石厂
14	S	木丁西	木西丁
15	A	工匚廾廿䒑七弋弋	工戈草头右框七

② 竖起笔画类

竖起笔画是以从上到下的方向来运笔的，并包括以同样方向运笔的竖钩在内。

如"利"字左边部分的末笔是竖勾"亅"，以其运笔方向来看，应把"亅"笔画看作竖笔画"丨"，即该字在竖笔画区。

因此在使用五笔字型输入法录入文字时，凡是以从上到下运笔的笔画都包括在"竖"的管辖内。表 C.3 所示为竖笔画的区域。

表 C.3   竖笔画区

区 位	编 码	字 根	字根助记词
21	H	目且丨卜丨广上止卟广	目具上止卜虎皮
22	J	日曰口早刂刂刂刂	日早两竖虫利刀
23	K	口川巛	口与川，字根稀
24	L	田甲口四皿皿皿车力㓜	田甲方框四车力
25	M	山由贝冂几骨	山由贝，下框几骨头

③ 撇起笔画类

撇起笔画是以从右上到左下的方向运笔的，不管撇是长是短、是大是小，只要是以从右上到左下的方向运笔，都属于撇类。

表 C.4 所示为撇笔画的管辖区，我们同样可根据助记词来快速记忆。

表 C.4   撇笔画区

区 位	编 码	字 根	字根助记词
31	T	禾竹丿𠂉夂攵彳	禾竹一撇双人立，反文条头共三一
32	R	白手手扌丿厂𠂆斤斤	白手看头提手斤
33	E	月丹用彡㲋衣㐆豸豕彐	月彡（衫）乃用家衣底
34	W	亻八癶癶	人和八，三四里
35	Q	钅鱼儿勹夕乂儿夕夕夕匚	金勺缺点无尾鱼，犬旁留乂儿一点夕，氏无七（妻）

④ 捺起笔画区

捺笔起画是以从左上到右下的方向运笔的，并包括以相同方向运笔的点在内。

另外，像"㇇"笔画的运笔方向也是以从左上到右下的方向运笔的，如"军"、"写"等，所以也归为捺笔画区。

如"买"字下面部分"大"，在单独成字（也就是说"大"字）使用时，最后一笔是捺，作为偏旁部首使用时，最后一笔就成了点，点也是从左上至右下的方向运笔的。

因此，起笔时凡以从左上到右下的方向运笔的笔画都属于"捺"的管辖区。

如表 C.5 所示。为了使读者记忆起来更方便，同样可以根据提供的助记词来达到快速记忆的目的。

表 C.5　　　　　　　　　　　　　捺笔画区

区　位	编　码	字　根	字根助记词
41	Y	言 讠 文 方 八 亠 亠 广 主	言文方广在四一，高头一捺主多一
42	U	六 立 辛 冫 丬 丷 兰 疒 门	立辛两点六门扩
43	I	氵 氺 水 冰 业 业 业 小 小	水旁兴头小倒立
44	O	火 业 灬 灬 米	火业头，四点米
45	P	之 辶 宀 冖	之字军盖建到底，摘衤（示）衤（衣）

⑤ 折起笔画区

折起笔画区是将各种不同的折都归为同一类，它运笔方向不定，在众多笔画中折的形状变化是最多的一种，表 C.6 所示为折笔画的管辖区。通过助记词来快速掌握折笔画各组中所包含的字根。

表 C.6　　　　　　　　　　　　　折笔画区

区　位	编　码	字　根	字根助记词
51	N	乙 已 巳 尸 尸 心 忄 心 羽	已半巳满不出己，左框折尸心和羽
52	B	孑 子 巛 也 耳 阝 阝 卩 凵	子耳了也框向上
53	V	女 刀 九 巛 彐 臼	女刀九臼山朝西
54	C	又 マ 厶 巴 马	又巴马，丢失矣
55	X	纟 纟 幺 纟 弓 匕 匕	慈母无心弓和匕，幼无力

像前面左竖勾"亅"也带了折，但它并不属于折笔画内。

（2）字根结构

在五笔字型输入法中，字根是汉字的组成部分，在使用五笔字型输入法录入汉字时，就是由 130 多个基本字根，通过一定连接方式来组成所有汉字的。字根的连接方式包括四种，即单、散、连、交。

① 单

一个字根不需要与其他字根发生关系，而本身就是一个汉字的字根称为"成字字根"，这种情况不只包括成字字根，也包括键名汉字，如"五"、"又"、"一"、"以"等。

② 散

在众多汉字中，大多数汉字都不是由一个单独的字根构成，而是由多个字根发生联系才能组成的。所谓"散"，就是指在构成汉字时，各字根之间不相连也不相交，保持一定的距离，如"好"、"他"、"江"、"邑"等。

③ 连

组成汉字的各个字根有着相连的关系，这里的相连与平时相互连接的意思不同，这种相连关系有两种情况。

● 一种是点结构和其他字根相连，如"叉"、"太"、"主"、"关"、"术"、"玉"等。这些汉字中的点与其他基本字根并不一定相连在一起，它们之间可连可不连，可稍远可稍近。

- 一种是单笔画与其他字根相连，如"自"（撇与字根"目"相连）、"下"（横与字根"卜"相连）、"不"（横与字根"小"相连）。

④ 交

由两个或多个字根相交组成的汉字，其各字根之间部分笔画重叠。如"来"（由横与字根"米"交叉组成）、"丰"（由字根"三"与一竖交组成）。

（3）形近和相似字根的区分

在众多的字根中有很多形近和相似字根，但它们并不在同一字母键位上，拆分此类汉字时极易出错，因此必须能够正确分析这类字根。

① 相似字根

像字根"七"和"匕"极为相似，但它们并不在同一字母键位上，是易混淆字根。在区分时，应按字根起笔笔画区位来区分：若字根是以横起笔，则位于第一区（横起笔画区），因此该字根为"七"，即在字母键 A 上；若以折起笔，则位于第五区（折起笔画区），因此该字根为"匕"，即在字母键 X 上。

如"龙"字，如果不明白其末笔字根是取"七"还是"匕"，就可按该字根的起笔笔画来区分。"龙"字的末笔字根起笔笔画为拆，故应取"匕"为该字字根，即其编码为 DX。

再如"看"字，如果不明确是取字根"⺧"还是字根"干"，同样可以根据其首笔来判断，即该字根的首笔画为撇，因此"看"字的第一字根应取"⺧"，在第三区的字母键 R 上，此时即得出"看"字的编码为 RHF。

② 形式字根

像字根"戋"、"戈"、"弋"和"戈"在形状上很相似，虽然它们都属于第一区，但所处的字母键有所不同的，所以也容易混淆字根。分辨这些字根在哪一字母键时，可按斜勾部分起笔画和次笔画的不同来判断。

按斜勾部分起笔画和次笔画的不同来判断字根。

划：该字的斜勾部分起笔画和次笔画分别由横、斜勾、撇和点组成。首笔为横在 1 区，次笔笔画为折在第 5 位上，所以该字的斜勾部分"戋"在 1 区 5 位上（即字母键 A 上），即该字的编码为（AJH）戋、刂。

钱：该字的斜勾部分第一笔和第二笔分别为横、横，首笔画为横在 1 区，次笔画为横在 1 位上，所以该字的斜勾部分"戋"在 1 区 1 位上（即字母键 G 上），即该字的编码为（QG）钅、戋。

尧：此字斜勾部分"戈"与字根"戈"相似，但该斜勾部分少了一点，按字根的拆分原则，它不是一个单独的字根。按能连不交、取大优选的原则，该部分可分为"弋"与"丿"两个单独字根，即字根"弋"与字根"七"相似，并且首次笔均为横、拆，所以它们同处一个字母键上（即 A），即该字的编码为（ATGQ）弋丿一儿。

曳：该字斜勾部分的首笔画和次笔画分别为斜勾（折）、撇，首笔折在 5 区，次笔撇在第 3 位，所以该字的斜勾部分在 5 区 3 位（即字母键 X 上），该字的斜勾部分与字根"匕"相似，可将其看作"匕"来划分，即该字的编码为（JXE）日匕丿。

"且字头"和"具字头"，这样的字根也为相似易混淆的字根，这里的"且字头"是变形字根"月"的变体，在字母键 E 上（即"且"字的编码为"EG"）；而"具字头"是在字母键 H 上（即"具"字的编码为"HW"）。

以上只是对一少部分易混淆字根的分析，在文字录入时，像这些形状相似的字根大有存在，如果遇到此类情况，可参照以上的拆分方法来判断。

（4）汉字的字型结构

由于很多汉字都由同样的字根组成，为了使这些含有同样字根的汉字不重码，五笔字型输入法，根据各汉字中字根之间的位置关系，将其分为三种汉字结构，即上下结构、左右结构和杂合结构，并分别用数字来表示，即代号 1、2、3。

① 上下结构

如果一个汉字由上、下不同的两个部分组成（其中任一部分可以是由多个字根组成，这一部分可以是左、右结构，或左、中、右结构），或由上、中、下三部分组成，这种结构的汉字就称为上下结构，即代号为 1。

例如"竖"、"全"、"笔"、"邑"、"曼"、"罚"等。

② 左右结构

一个汉字由左、右两个部分组成，（其中左、右任一部分可以是由多个字根组成，这一部分的字根结构可以是上、下结构，或上、中、下结构），或是由左、中、右三部分组成的汉字，统称为左右结构，即代号为 2。

例如"好"、"组"、"结"、"部"、"街"、"谢"等。

③ 杂合结构

如果某一个汉字没有简单而明确的上下或左右结构之分，那么此类汉字就属于杂合结构，即代号为 3。

例如"屏"、"成"、"发"、"回"、"可"等。

在分辨汉字是否属杂合结构时，可根据以下方法来判断。

- 凡属字根相连（即单笔画字根与其他多笔画字根，或点笔画字根与其他基本字根之间的相连关系）的汉字，都视为杂合结构。
- 内外结构的汉字都属于杂合结构，如"围"、"国"、"同"、"因"等。
- 含两个字根，并且字根之间为相交关系的汉字都属于杂合结构，如"叉"、"必"。

（5）拆分汉字

前面已经提到，在使用五笔字型输入法进行汉字录入时，各字根的组成是有一定规则的，不同结构的汉字，它们的拆分规则也不相同，以下为不同结构汉字的拆分规则。

- 成字字根是不必拆分的，只要按一定的编码规则就可以形成汉字。
- "散"方式形成的汉字，在拆分时只要将每个字根分离出来即可。
- "连"方式形成的汉字，拆分时先找出单笔画，再拆分出其相连的字根。
- "交"方式形成的汉字，仔细分清它是由哪些字根相交而成，然后再拆分。

在拆分汉字的时候，通常一个汉字有多种拆分方法，然而在使用五笔字型输入法录入汉字时，一个汉字只有一种编码是正确的，因此，要想准确地录入汉字，就必须掌握正确的拆分方法。正确地拆分汉字可遵循以下原则。

① 取大优先

如果一个汉字有多种拆分方法，就取拆分后字根最少的那一种，并保证在书写顺序下拆分成尽可能大的基本字根，使字根数目最少，即"能大则不小"。

举例如下。

"横"字可拆分如下。

第一种拆法：十、八、艹、一、由、八。

第二种拆法：一、小、艹、一、由、八。

第三种拆法：木、艹、一、由、八。

第四种拆法：木、艹、由、八。

按其取大优先的原则，第四种是拆分后字根最少的，并且其拆分顺序也正确，所以第四种拆法才是"横"字的正确拆分。

"颗"字可以拆分如下。

第一种拆法：日、十、八、厂、冂、人。

第二种拆法：日、一、小、厂、冂、人。

第三种拆法：日、木、厂、冂、人。

第四种拆法：日、木、厂、贝。

按其取大优先的原则，第四种是拆分后字根最少的，并且其拆分顺序也正确，所以第四种拆分是正确的。

② 能交不连

字根与字根之间的位置有"连"、"交"的关系，如果一个汉字可以拆分为相连或相交的两种方式，并保证在书写顺序下拆分成尽可能大的字根，那么应取相连的关系进行拆分。

举例如下。

"于"字可拆分如下。

第一种拆分法：二、丨。

第二种拆分法：一、十。

按其能交不连的原则，第二种最符合，并且其拆分的顺序也正确，所以"于"字的第二种拆法是正确的。

"天"也有两种拆分方法。

第一种拆法：二、人。

第二种拆法：一、大。

按其能交不连的原则，"天"字的正确的拆分应是第二种。

③ 能散不连

如果一个汉字的字根之间有一定的距离，在拆分时就不要将该字拆成"连"的形式，并保证在书写顺序下拆分成尽可能大的字根。

举例如下。

"百"字可拆分如下。

第一种拆分法：一、白。

第二种拆分法；厂、日。

按其能散不连的原则，第二种最符合，并且其拆分的顺序也正确，所以"百"字的第二种拆法是正确的。

"自"字的拆分方法如下。

第一种拆分方法：白、一。

第二种拆分方法：丿、目。

按其能散不连的原则，在这里应该选择第二种拆分方法。

以上三种汉字的拆分原则，是进行五笔字型输入的先决条件。以下汉字便是按拆分原则来拆分的示例。

汉字	字根组成	汉字	字根组成	汉字	字根组成
原	厂、白、小	凌	冫、土、八、夂	拆	扌、斤、、
体	亻、木、一	度	广、廿、又	秆	禾、干
余	人、禾	位	亻、立	内	冂、人

（6）单个汉字的编码规则

在使用五笔字型输入法输入单个汉字前，应首先了解键名汉字、成字字根、五种笔画及一般汉字的编码规则。读者可通过背诵以下的口决，来记忆单个汉字的编码规则。

五笔字型看直观，依照笔顺来编码；

键名汉字击四下，基本字根须照搬；

一二三末共四码，顺序拆分大优先；

不足四码要注意，交叉识别后边补。

以上的口决总结了编码规则的五项原则。

- 按汉字的书写（从左至右、从上至下、从外至内）顺序进行编码。
- 以汉字拆分后的基本字根进行编码。
- 每个汉字最多只取四码，即第一、二、三和最后字根。
- 汉字拆分遵循取大优先的原则。
- 不够四码的汉字，最后一笔画取交叉识别码。

① 键名汉字的编码规则

五笔字型的字根分布在键盘的 25 个字母键上，每个字母键都有一个键名汉字，即字根表中每个字母键所对应排在第一位的那个字根，如图 C.4 所示。

图 C.4　键名汉字对应的字母键

在输入这些键名汉字时，只需将所在键位连击 4 下即可，例如："金"的编码为"QQQQ"；"目"的编码为"HHHH"。

当然有些键名汉字不必击 4 次，例如"人"是一级简码，只需击一次键名码（即 W），再键入一个空格键即可；"水"是二级简码，只需击两次"I"键位，再键入一个空格键即可。

② 成字字根的编码规则

在五笔字型字根键盘的每个字母键上，除了键名汉字外，还有一些字根本身就是一个汉字，这此字根被称为成字字根（除键名汉字外）。

当一个成字字根超过 2 个笔画时，其编码规则用公式表示如下。

编码 = 键名码 + 首笔码 + 次笔码 + 末笔码

其中首笔码、次笔码、末笔三都是指五种基本笔画：横、竖、撇、捺、折，它们对应的字母键为 G、H、T、Y、N，表 C.7 所示为一些两个笔划以上的成字字根的编码法。

表 C.7　　　　　　　　　　　　　　成字字根击键法

成字字根	键名码	编码	成字字根	键名码	编码
文	Y	YYGY	辛	U	UYGH
虫	J	JHNY	石	D	DGTG
西	S	SGHG	戈	G	GGGT
干	F	FGGH	川	K	KTHH

如果成字字根只有 2 个笔画时，即三个编码，则第四码以空格键结束。输入方法如下。

编码 = 键名码 + 首笔代码 + 次笔代码 + 空格键

例如，"丁"字，先按键名码 S，再按首笔代码 G，然后是次笔 H，最后再加上一个空格键，"丁"字就出现在屏幕上。再如"二"字就是 FGG，再加上一个空格，则"二"字就出现在屏幕上。

③ 五种笔画的编码

在五笔字型输入法中，五种基本笔画横、竖、撇、捺、折，分别用笔画一、丨、丿、丶、乙来表示。它们同样有自己的编码规则，其击键法是击两下键名码，再击两下 L 键。这五种笔画的编码分别如下。

一：GGLL   丨：HHLL   丿：TTLL   丶：YYLL   乙：NNLL

④ 一般汉字的编码规则

在五笔字型输入法中，键名汉字和成字字根只占汉字极小的一部分，绝大部分的汉字是一般汉字。因此，掌握一般汉字的编码规则，对熟练地使用五笔字型输入法起着至关重要的作用。

在学习一般汉字的编码规则之前，必须先清楚两个概念：字根码和识别码。

* 字根码。字根所在的英文字母键就是它的字根码。不同的字根可以拥有相同的字根码，例如："方"的字根码为"Y"，"文"的字根码也为"Y"；"目"的字码为"H"，"止"的字根码也为"H"。

* 识别码。与汉字最后一笔的笔画号和字型结构的编号组成交叉代码，交叉代码所对应的英文字母键就是识别码。前面我们已经提到过横、竖、撇、捺、折代号分别为 1、2、3、4、5。在字型结构中，左右结构、上下结构、杂合结构的编号分别为 1、2、3。把这两种编号组成起来就形成了交叉码，不同的编号对应不同的字母键，如表 C.8 所示。

表 C.8　　　　　　　　　　　　不同笔画、结构的识别码

	左右(1)	识别码	上下型(2)	识别码	杂合型(3)	识别码
横(1)	11	G	12	F	13	D
竖(2)	21	H	22	J	23	K
撇(3)	31	T	32	R	33	E
捺(4)	41	Y	42	U	43	I
折(5)	51	N	52	B	53	V

举例如下。

汉字	最后一笔及代码	字型结构及代码	交叉代码	识别码
反	捺—4	杂合结构—3	43	I
严	撇—3	上下结构—2	32	R
刚	竖—2	左右结构—1	21	H
忆	折—5	左右结构—1	51	N
找	撇—3	左右结构—1	31	T
识	捺—4	左右结构—1	41	Y
吾	横—1	上下结构—1	12	F
旦	横—1	上下结构—2	12	F
气	折—5	上下结构—2	52	B
利	竖—2	左右结构—1	21	H
叉	捺—4	杂合结构—3	43	I

一般汉字的编码规则如下。

- 含有四个或四个以上字根的汉字编码如下。

编码 = 字根码1 + 字根码2 + 字根码3 + 字根码4

其中字根码1、2、3，分别代表一个汉字的第1、2、3个字根的字根码，字根码4表示该汉字的最后一个字根的字根码。

举例如下。

汉字	字根编码	汉字编码
增	FULJ	FULJ
繁	TXGUTXI	TXGI
题	JGHDM	JGHM
编	XYNMA	XYNA
键	QVFHP	QVFP
缬	XFKDM	XFKM

- 含有三个字根的汉字编码如下。

编码=字根码1 + 字根码2 + 字根码3 + 识别码

举例如下。

汉字	字根编码	识别码	汉字编码
简	TUJ	F	TUJF
识	YKW	Y	YKWY
根	SVE	Y	SVEY
往	TYG	G	TYGG
框	SAG	G	SAGG

- 含有两个字根的汉字编码如下。

编码=字根码1 + 字根码2 + 识别码 + 空格

举例如下。

汉字	字根编码	识别码	汉字编码
人	TY	I	TYI
汉	IC	Y	ICY
码	DC	G	DCG
字	PB	F	PBF
下	GH	I	GHI
好	VB	G	VBG
忆	NN	N	NNN
元	FQ	B	FQB

（7）简码的输入

按照五笔字型输入法的规则，一个汉字的编码由四个字母构成，为了简化输入，省略掉编码中后面的若干个字母，从而使编码简化，就形成了简码。在五笔字型输入法中包含了一、二、三级简码，正由于这些简码的存在，使得五笔字型输入法的速度大大加快。如果要想快速地输入汉字，就得熟练掌握各级简码。

① 一级简码

一级简码又称高频字，在五笔字型输入法中，把最常用的25个汉字用单个字母键来编码，只要单击它们对应的字母键，然后再按一个空格键（如"我"字，单击字母键"Q"后，再键入一个空格键即可)，就能把它们输入到屏幕上。如图 C.5 所示为一级简码汉字在键盘上的分布。

Q	W	E	R	T	Y	U	I	O	P
我	人	有	的	和	主	产	不	为	这

A	S	D	F	G	H	J	K	L
工	要	在	地	一	上	是	中	国

Z	X	C	V	B	N	M
	经	以	发	了	民	同

图 C.5 一级简码汉字在键盘上的分布

这些一级简码汉字除了要牢记外，有时还要用到全码。例如：在输入词组时需要输入前面的一个或两个编码，所以在熟记其一级简码编码的同时，也要熟记其全码。它们全码的编码规则与一般汉字是相同的。

② 二级简码

二级简码汉字都是平时常见的汉字，此类汉字只需输入其前两个字根，然后再按一个空格键即可。二级简码的汉字最多可以达到 25×25=625 个，表 C.9 所示为五笔字型输入法下的二级简码。

表中间有些地方有空隙，那是特意留出来的，原因就是空隙处对应的两个字母键组合时，不能组成二级简码汉字。

表 C.9 二级简码

	横笔区	竖笔区	撇笔区	捺笔区	折笔区
	11—15	21—25	31—35	41—45	51—55
	G F D S A	H J K L M	T R E W Q	Y U I O P	N B V C X
G	五 于 天 末 天	下 理 事 画 现	玫 珠 表 珍 列	玉 平 不 来	与 屯 妻 到 互
F	二 寺 城 霜 载	直 进 吉 协 南	才 垢 圾 夫 无	坟 增 示 赤 过	志 地 雪 支
D	三 夺 大 厅 左	丰 百 右 历 面	帮 原 胡 春 克	太 磁 砂 灰 达	成 顾 肆 友 龙
S	本 村 枯 林 械	相 查 可 楞 机	格 析 极 检 构	术 样 档 杰 棕	杨 李 要 权 楷
A	七 革 基 苛 式	牙 划 或 功 贡	攻 匠 菜 共 区	芳 燕 东 芝	世 节 切 芭 药
H	睛 睦 眼 盯 虎	止 旧 占 卤 贞	睡 肯 具 餐	眩 瞳 步 眯 瞎	卢 眼 皮 此
J	量 时 晨 果 虹	早 昌 蝇 曙 遇	昨 蝗 明 蛤 晚	景 暗 晃 显 晕	电 最 归 紧 昆
K	呈 叶 顺 呆 呀	中 虽 百 另 员	呼 听 吸 只 史	嘛 啼 吵 噗 喧	叫 啊 哪 吧 哟
L	车 轩 因 困 轼	四 辊 加 男 轴	力 斩 胃 办 罗	罚 较 辚 边	思 团 轨 轻 累
M	同 财 央 朵 曲	由 则 崭 册	几 贩 骨 内 风	凡 赠 峭 迪	岂 邮 凤 嶷
T	生 行 知 条 长	处 得 各 务 向	笔 物 秀 答 称	入 科 秒 秋 管	秘 季 委 么 第
R	后 持 拓 打	年 提 扣 押 抽	手 折 扔 失 换	扩 拉 朱 搂 近	所 报 扫 反 批
E	且 肝 采 肛	胆 肿 肋 肌	用 遥 朋 脸 胸	及 胶 膛 爱	甩 服 妥 肥 脂
W	全 会 估 休 代	个 介 保 佃 仙	作 伯 仍 从 你	信 们 偿 伙	亿 他 分 公 化
Q	钱 针 然 钉 氏	外 旬 名 甸 负	儿 铁 角 欠 多	久 匀 乐 炙 锭	包 凶 争 色
Y	主 计 庆 订 度	让 刘 训 为 高	放 诉 衣 认 义	方 说 就 变 这	记 离 良 充 率
U	闰 半 关 亲 并	站 间 部 曾 商	产 瓣 前 闪 交	六 立 冰 普 帝	决 闻 妆 冯 北
I	汪 法 尖 洒 江	小 浊 澡 渐 没	少 泊 肖 兴 光	注 洋 水 淡 学	沁 池 当 汉 涨
O	业 灶 类 灯 煤	粘 烛 炽 烟 灿	烽 煌 粗 粉 炮	米 料 炒 炎 迷	断 籽 娄 烃 糨
P	定 守 害 宁 宽	寂 审 宫 军 宙	客 宾 家 空 宛	社 实 宵 灾 之	官 字 安 它

	横笔区					竖笔区					撇笔区					捺笔区					折笔区				
	11—15					21—25					31—35					41—45					51—55				
	G	F	D	S	A	H	J	K	L	M	T	R	E	W	Q	Y	U	I	O	P	N	B	V	C	X
N	怀	导	居		民	收	慢	避	惭	届	必	怕	愉	懈		心	习	悄	屡	忧	忆	敢	恨	怪	尼
B	卫	际	承	阿	陈	耻	阳	职	阵	出	降	孤	阴	队	隐	防	联	孙	耿	辽	也	子	限	取	陡
V	姨	寻	姑	杂	毁		旭	如	舅	抽	九		奶		婚	妨	嫌	录	灵	巡	刀	好	妇	妈	姆
C	骊	对	参	骠	戏		骒	台	劝	观	矣	牟	能	难	允	驻			驼		马	邓	艰	双	
X	线	结	顷		红	引	旨	强	细	纲	张	绵	级	给	约	纺	弱	纱	继	综	纪	弛	绿	经	比

③　三级简码

三级简码汉字的输入方法是先输入该字的前三个字根码，然后输入一个空格。例如，"横"全码为"木、卄、由、八"，即编码为 SAMW，简码为 SAM，用空格键代替最后编码。

从理论上来讲三级简码汉字应该有 15625 个之多，但实际上却只有 4400 个余字，它们有常用字和非常用字，也有偶尔一用的字。尽管三级简码没有减少击键次数，但是由于省略了末笔字根与交叉识别码的判断，也可以提高输入速度，相对全码输入，它有以下三个好处。

- 三级简码少分析 1 个字根，减轻了脑力负担。
- 三级简码的最后一击是用大拇指按空格键，这时，其他 8 个手指可从容变位，有利于迅速投入下一次击键。
- 打字时最劳累的是食指，大拇指比较轻松，尽量使用拇指代替食指，可以"平均负担"，有利于长时间打字。

因此，还是应当尽量多记，多用三级简码。当然有的字用四码反而不成，非用简码不可，那就更不得不强记了。

（8）词汇的输入

在汉字输入法中，以词组为单位的输入方式可以减少码长，提高输入速度。和其他汉字输入法一样，五笔字型输入法也给出了以词语为单位的输入方法，以获得较少编码，提高效率和准确率。

五笔字型词语输入的特点是词语输入和单字输入编码统一，都为四码，对词汇的编码采用了较好的规则，使字的编码和词汇的编码占用了完全不同的编码区域，使它们几乎不冲突，依据这个原理进行词组的输入，可以不作任何切换操作和附加操作，就能随意地输入字或词。

五笔字型输入法对词汇编码也很简单。词组的编码和单个汉字的编码一样，无论词汇由多少个字组成，它都是由四个编码组成。只是对于不同字数的词取码规则不一样。

①　双字词

双字词在汉语词汇中占有相当大的比例，大约 82%。所以熟练地掌握双字词的输入方法，对于提高录入速度是重要一环。

输入双字词极其简便，只需依顺序输入词组中每个汉字编码的前两个字根，组成四位编码即可。输入双字词的编码公式如下。

编码 = 首字字根码 1 + 首字字根码 2 + 次字字根码 1 + 次字字根码 2

举例如下。

词组	首字编码	尾字编码	词组编码
部位	UKB	WU	UKWU
编导	XYNQ	NF	XYNF
彻底	TAVN	YQA	TAYQ

规则	FWMN	MJH	FWMJ
例如	WGQJ	VKG	WGVK
测量	IMJ	JGJF	IMJG
储蓄	WYFJ	AYXL	WYAY

② 三字词

由三个汉字组成的词，三字词的编码规则是按顺序地输入第一、二个汉字的第一个字根和第三个汉字的第一、二个字根，组成四位编码。

其编码公式如下。

编码 = 首字字根码1 + 次字字根码1 + 第三字字根码1 + 第三字字根码2

举例如下。

词组	首字编码	次字编码	第三字编码	词组编码
自行车	THD	TF	LG	TTLG
计算机	YF	THA	SM	YTSM
洗衣机	ITFQ	YE	SM	IYSM
处理品	TH	GJF	KKK	TGKK
科学家	TU	IPB	PE	TIPE
生物界	TG	TR	LWJ	TTLW

③ 四字词

四个汉字组成的词语，它们的编码规则是取每一个汉字的第一个编码。四字词编码也无简码。

其编码公式如下。

编码 = 第一字字根码1 + 第二字字根码1 + 第三字字根码1 + 第四字字根码1

举例如下。

词组	首字编码	次字编码	第三字编码	第四字编码	词组编码
春秋战国	DW	TO	HKA	L	DTHL
胸有成竹	EQ	DEF	DN	TTG	EDDT
异想天开	NAJ	SHN	GD	GA	NSGG
五笔字型	GG	TT	PB	GAJF	GTPG
程序变换	TKGG	YCB	YO	RQ	TYYR
拍手称快	RRG	RT	TQ	NNW	RRTN
恍然大悟	NIQ	QD	DD	NGKG	NQDN
至高无上	GCF	YM	FQ	H	GYFH
故弄玄虚	DTY	GAJ	YXI	HAO	DGYH
爱莫能助	EP	AJD	CE	EGL	EACE
木已成舟	SSSS	NNNN	DN	TEI	SNDT

④ 多字词

多字词是指多于4个字的词汇。它的编码规则是取第一、二、三个汉字的第一个字根码和最后一个汉字的第一字根码。

其编码公式如下。

编码 = 第一字字根码1 + 第二字字根码1 + 第三字字根码1 + 最后一字字根码1

举例如下。

马克思主义：CDLY	国务院总理：LTBG	历史唯物主义：DKKY
中央国家机关：KMLU	汉字输入技术：IPLS	可望而不可及：SYDE

理论联系实际：GYBB　　　　中华人民共和国：KWWL　　全国人民代表大会：WLWW

（9）重码与容错码

① 重码

对一种汉字编码方案进行评价的一个很重要的指标就是重码率。当输入一个编码时，出现几个甚至几十个汉字，这种现象就是重码。当出现重码时，每个重码汉字或词组之前都有一个数字，选择不同的数字，即可输入与数字相应的汉字或词组。

通常情况下，"1"对应的汉字或词组较常用（其他依次排列），如果要输入它，单击键盘上的1，或按一下空格键即可；如果要输入的汉字或词组不是第一个，则需要单击前面对应的数字。

为了减少重码的出现，在五笔字型输入法中，采取了将一些使用频率较低的汉字编码的最后一码改为"L"（后缀码）的方法，从而使它不再有重码。例如"去"和"云"的原编码都是"FCU"，"去"在前面，使用频率较高一点，它的编码保持原编码不动；"云"相对于"去"来说使用频率较低一点，可以将它的编码改为"FCUL"，这样它们就不再是重码了。

五笔字型输入法之所以被广大用户所使用，其主要原因就是它的重码率低，因而大大加快了汉字的输入速度。但是，在每种汉字编码中，重码率低与编码方案易学与否、击键次数多少是一对矛盾，经常会顾此失彼。

举例如下。

当输入编码"FGHY"时，在屏幕下方提示行内的显示如下所示。

| 五笔型 | fghy | 1:雨 2:寸 |

如果要输入"雨"字，此时可直接输入下一个汉字的编码，或选择"1"，再或者输入一个空格都可以选择您所要的"雨"字；如果要输入"寸"，则输入与其相对应的数字键"2"。

当输入编码"FCU"时，在屏幕下方提示行内的显示如下所示。

| 五笔型 | fcu | 1:去 2:支 3:云 4:运送d 5:支部k |

如果要输入"去"字，可直接输入下一个字的编码，或选择"1"，再或者输入一个空格都可以输入您所要的"去"字；如果您要输入"支"、"云"，则键入"2"或"3"，即可输入与其相应的汉字；如果您要输入"运送"或"支部"则按提示输入字母键即可。

② 容错码

在五笔字型输入法中，有些汉字在书写顺序上，会因人而异有所不同，这样在拆分时，就不能统一了。基于这种情况，五笔字型输入法在编码中设计了容错码，其目的就是把一些容易出错的编码作为一类正确的可用码保留，即使输入了一些与其规则不完全相符的编码也可以正常使用。

容错码主要分为以下几类。

a. 拆分容错

在五笔字型输入法中允许其他一些习惯顺序的输入，这就是拆分容错。

举例如下。

"长"字，在五笔字型输入法中规定如下。

长：丿七丶（TAYI）

为正确码。但往往实际书写中，按各人不同的习惯又大致存在以下3种输入方法，即3种编码。

长：一乙丿丶（GNTY）

长：丿一乙丶（TGNY）

长：七 丿 乀（ATYI）

由于考虑到此 3 种书写顺序，认为这 3 个码也代表"长"，故这 3 个码就是"长"字拆分容错码。

"秉"字，在拆分时，由于受取大优先的影响，可能会拆分如下。

秉：禾彐（TVI）

然而其正确的拆分方法如下。

丿一彐小（TGVI）

在引入了容错码后，把"禾彐（TVI）"作为"秉"的容错码，以方便各种习惯的正确输入。

b．字型容错

可能个别汉字的字型不是很明确，许多人在判断时往往容易搞错，为了避免错误的出现，因此设计了字型容错码。

举例如下。

占：卜口（HKF）为正确码

占：卜口（HKD）为容错码

左：ナ工（DAF）为正确码

左：ナ工（DAD）为容错码

c．方案版本容错

五笔字型汉字输入法发展历程已经有许多年了。在这些年的使用期间，经过了多次的修改和优化，因而目前的最新版本与原版本之间有着较大的差别。为照顾在此之前已掌握原版本方案的人员也能方便、快捷地使用和掌握最新的优化方案，特设计了一些方案版本容错码。

例如，在目前最新的优化方案中，取消 2 个字根，因此，很多字在拆分时结果就不同。如"拾"字，按目前最新的优化方案，应拆分成"扌"、"人"、"一""口"即"RWGK"，而按原方案则应拆成"扌""人""口"、"11"（即 RWDG），现在把"RWDG"作为"拾"的容错码。

五笔字型输入法中虽然有容错码，但容错码不是万能的，只是在一个很小的范围内能为我们提供方便和帮助。所以，必须认真记忆学习，熟练掌握汉字的正确拆分和编码原则，不能把希望寄托在容错码上。

（10）帮助键"Z"的使用

初学五笔字型输入法的用户，经过一个阶段对字根的记忆后，可能会有一些字根记忆得不牢固，或者字根与键位对不上号，这时就可使用"Z"键来帮助了。

对于初学者，最大的困难便是不可能在短时间内把所有字根的分布通通牢记。而实际上，也只有在不断的实践中，才能逐步地把全部字根记住。

在输入汉字时再去查字根表比较麻烦，在适当的时候使用"Z"键，可以帮助我们查找所要的字根或识别码。

如果在输入汉字时对一个汉字的某一个编码不太确定，就可以用"Z"键来代替它。但由于它可以代替 25 个英文字母中的任何一个，所以用了此键后，会出现较多的重码，这时就要进行选择。

在输入汉字编码时，使用 Z 键越多，在提示行中显示的汉字也就越多，而提示行一次只能显示 5 个汉字，因此需要按"+"键或者是 Page Up 键进行翻页，之后提示行又显示下 5 个汉字及输入码，通过这样来选择所需要的字。所以，如果对字根一无所知，把 4 个代码都打成"Z"，那么，在提示行中就会把 6763 个汉字分成 5 个字一批，全部显示出来。这样，对您的学习是毫无帮助的。所以，帮助键"Z"必须在学习和记忆字根的前提条件下才能有效地发挥其强大的作用。

附录 D　习题参考答案

习题 1

一、选择题

1.B	2.C	3.D	4.B	5.A	6.B	7.A	8.D	9.D	10.A
11.A	12.A	13.B	14.A	15.A	16.D	17.D	18.A	19.C	20.A
21.C	22.B	23.D	24.B	25.A	26.A	27.D	28.B	29.B	

二、填空题

1.1946	2.智能化	3.ED	4.237	5.1101101011	6.位或 bit
7.8	8.1024	9.程序	10.应用软件	11.RAM	12.外存储器
13.输出设备	14.字长	15.外存储器	16.USB	17.输入	

三、判断题

1.√	2.×	3.×	4.×	5.×	6.×	7.×	8.×	9.√
10.×	11.×	12.×	13.×	14.×	15.√	16.√	17.×	18.×
19.√	20.×	21.√	22.×	23.×	24.√			

四、简答题（略）

习题 2

一、选择题

1.D	2.A	3.C	4.A	5.C	6.C	7.B	8.B	9.D	10.C
11.C	12.C	13.B	14.B	15.C	16.A	17.C	18.A	19.A	20.A
21.C	22.C	23.D	24.C	25.A	26.C	27.D	28.A	29.C	30.B
31.A	32.D	33.A	34.D	35.B	36.C	37.C	38.A	39.C	40.A
41.D	42.C	43.C	44.C	45.D	46.D	47.C	48.B	49.C	50.B
51.D	52.C	53.D	54.D	55.C	56.A	57.C	58.B	59.B	60.D
61.C	62.D	63.D	64.A	65.D	66.D	67.C	68.C	69.B	70.B
71.C	72.D	73.A	74.C	75.C	76.C	77.D	78.C	79.B	80.C
81.D	82.C	83.B	84.D	85.D	86.D	87.C	88.A	89.D	90.D
91.B	92.B	93.D	94.A	95.C	96.A	97.D	98.D	99.C	100.D

二、判断题

1.√	2.×	3.×	4.×	5.×	6.√	7.√	8.×	9.×
10.×	11.×	12.√	13.√	14.×	15.√	16.×	17.√	18.√
19.×	20.√							

习题 3

一、选择题

1.C	2.B	3.D	4.A	5.C	6.B	7.D	8.C	9.B	10.B
11.B	12.D	13.A	14.C	15.C	16.A	17.D	18.A	19.C	20.A
21.C	22.A	23.D	24.B	25.A	26.C	27.C	28.A	29.A	30.D
31.B	32.C	33.C	34.C	35.A	36.C	37.C	38.B	39.C	40.C
41.A	42.B	43.B	44.B	45.A	46.B	47.A	48.C	49.D	50.D

51.D	52.C	53.B	54.A	55.C	56.A	57.B	58.A	59.C	60.A
61.C	62.B	63.C	64.D	65.D	66.C	67.D	68.A	69.B	70.B
71.D	72.B	73.C	74.A	75.D	76.A	77.D	78.B	79.B	80.C
81.A	82.B	83.D	84.C	85.D	86.C	87.D	88.D	89.B	90.A
91.B	92.B	93.C	94.D	95.C	96.A	97.C	98.B	99.A	100.C

二、判断题

1.√	2.√	3.√	4.√	5.√	6.×	7.√	8.√	9.×
10.√	11.×	12.×	13.√	14.√	15.√	16.×	17.√	18.×
19.√	20.√	21.√	22.√	23.√	24.×	25.√	26.×	27.√
28.√	29.√	30.×	31.×	32.√	33.×	34.×	35.√	36.×
37.×	38.×	39.√	40.×					

习题 4

一、选择题

1.A	2.A	3.A	4.A	5.D	6.C	7.A	8.D	9.B	10.B
11.C	12.D	13.C	14.B	15.B	16.D	17.C	18.A	19.D	20.C
21.A	22.B	23.C	24.C	25.C	26.B	27.C	28.D	29.B	30.D
31.A	2.C	33.D	34.B	35.A	36.D	37.D	38.A	39.D	40.D
41.B	42.B	43.D	44.B	45.B	46.D	47.B	48.D	49.D	50.D
51.A	52.A	53.C	54.D	55.B	56.D	57.A	58.C	59.C	60.B
61.B	62.C	63.C	64.A	65.D	66.A	67.A	68.D	69.B	70.D
71.D	72.D	73.D	74.B	75.C	76.D	77.A	78.D	79.D	80.A
81.D	82.A	83.D	84.A	85.A	86.B	87.C	88.C	89.A	90.B
91.A	92.A	93.A							

二、判断题

1.×	2.√	3.×	4.√	5.×	6.×	7.√	8.√	9.×	10.×
11.√	12.×	13.√	14.√	15.√	16.×	17.√	18.×	19.×	20.√
21.×	22.√	23.×	24.√	25.×	26.√	27.√	28.√		

习题 5

一、选择题

1.C	2.C	3.A	4.C	5.D	6.C	7.C	8.A	9.A	10.B
11.D	12.A	13.A	14.D	15.B	16.C	17.C	18.B	19.A	20.D
21.D	22.A	23.A	24.A	25.D	26.B	27.D	28.B	29.C	30.B
31.D	32.D	33.C	34.C	35.A	36.A	37.D	38.C	39.B	40.B
41.A	42.A	43.B	44.B	45.B	46.C	47.D	48.C	49.A	50.B
51.D	52.C	53.C	54.D	55.B	56.C	57.D	58.D	59.C	60.A
61.C	62.A	63.A	64.C	65.A	66.B	67.A	68.A	69.B	70.A
71.C	72.C	73.A	74.A	75.D	76.A	77.B	78.B	79.A	80.C
81.B	82.C	83.D	84.D	85.D	86.A	87.C	88.B	89.B	90.C
91.B	92.C	93.A	94.C	95.D	96.C	97.C	98.C	99.D	100.A

二、判断题

1.×	2.×	3.×	4.√	5.×	6.×	7.√	8.√	9.×	
10.×	11.√	12.×	13.√	14.×	15.√	16.√	17.√	18.√	
19.×	20.×	21.√	22.×	23.√	24.×	25.√	26.√	27.×	

28. ×　　29. √　　30. ×　　31. √　　32. √　　33. √　　34. √　　35. √　　36. ×

37. √　　38. √　　39. √　　40. ×

习题 6

一、选择题

1.C	2.B	3.C	4.B	5.C	6.D	7.D	8.C	9.B	10.D
11.B	12.D	13.A	14.D	15.C	16.A	17.A	18.D	19.C	20.D
21.C	22.C	23.C	24.C	25.B	26.A	27.A	28.A	29.C	30.C
31.A	32.C	33.B	34.B	35.B	36.B	37.D	38.A	39.B	40.B
41.B	42.C	43.C	44.C	45.A	46.D	47.D	48.B	49.D	50.D
51.C	52.C	53.D	54.B	55.D	56.B	57.A	58.C	59.A	60.B
61.B	62.D	63.D	64.D	65.B	66.A	67.A	68.D	69.D	70.D
71.D	72.D	73.A	74.A	75.D	76.B	77.B	78.B	79.A	80.B
81.A	82.D	83.C	84.B	85.C	86.D	87.B	88.C	89.B	90.B
91.B	92.B	93.C	94.D	95.D	96.D	97.C	98.D	99.B	100.C

二、判断题

1. ×	2. ×	3. ×	4. ×	5. √	6. √	7. √	8. ×	9. ×
10. ×	11. ×	12. √	13. ×	14. √	15. ×	16. ×	17. √	18. ×
19. ×	20. ×							

习题 7

一、选择题

1.B	2.B	3.B	4.B	5.C	6.D	7.C	8.B	9.D	10.B
11.D	12.B	13.B	14.C	15.A	16.A	17.B	18.D	19.D	20.B
21.C	22.A	23.D	24.C	25.B	26.D	27.B	28.B	29.C	30.C
31.B	32.A	33.B	34.B	35.B	36.D	37.B	38.B	39.D	40.A
41.B	42.A	43.D	44.A	45.D	46.B	47.D	48.B	49.A	50.A
51.A	52.C	53.C	54.C	55.C	56.C	57.C	58.D	59.D	60.C
61.B	62.D	63.C	64.A	65.A	66.D	67.B	68.B	69.A	70.D

二、判断题

1. √	2. ×	3. √	4. √	5. √	6. ×	7. ×	8. ×	9. ×
10. ×	11. √	12. ×	13. √	14. √	15. √	16. ×	17. ×	18. ×
19. √	20. ×	21. √	22. ×	23. ×	24. √	25. ×		

习题 8

一、选择题

1.D	2.A	3.A	4.A	5.B	6.C	7.D	8.C	9.B
10.D	11.C	12.A	13.D	14.C	15.A	16.A	17.D	

二、判断题

1. √	2. √	3. √	4. ×	5. ×
6. ×	7. ×	8. √	9. √	10. √

三、练习题（略）

习题 9

一、选择题

1.C	2.B	3.B	4.D	5.D	6.C	7.D	8.C	9.B	10.A
11.B	12.D	13.C	14.C	15.B	16.D	17.A	18.D	19.B	20.C
21.D	22.C	23.D	24.D	25.D	26.D	27.B	28.C	29.B	30.A

二、填空题

1.6　　2.21　　3.$n-1$　　4.29　　5.线性结构　　6.n　　7.顺序

8.DEBFCA　　9.14　　10.(A, B, C, D, E, 5, 4, 3, 2, 1)

11.15　　12.EDBGHFCA　　13.1DCBA2345　　14.1　　15.25

16.顺序　　17.32　　18.24　　19.（1, 5, 3, 1, 6, 7, 3, 2, 7, 6, 9）

习题 10

一、选择题

1.B	2.A	3.D	4.B	5.A	6.D	7.A	8.B	9.A	10.A
11.A	12.B	13.C	14.A	15.C	16.C	17.C			

二、填空题

1.循环　　2.功能性注释　　3.封装　　4.实例化　　5.继承　　6.逻辑判断（或者条件判断）　　7.结构化　　8.数据　　9.While　Until　　10.继承　　11.消息

习题 11

一、选择题

1.B	2.A	3.D	4.D	5.A	6.D	7.A	8.A	9.D	10.A
11.D	12.C	13.B	14.A	15.B	16.A	17.C	18.C	19.B	20.D
21.A	22.A	23.D	24.D	25.A	26.A	27.A	28.D	29.D	30.B
31.A	32.D	33.C	34.D	35.D	36.C	37.C	38.B		

二、填空题

1.系统软件　　2.面向对象方法　　3.结构化方法　　4.单元　　5.需求分析

6.程序　　7.白盒测试　　8.加工　数据流　存储文件（或数据源）　源（或数据源）　或　与　注释　模块　数据信息　控制信息　　9.软件工程管理　　10.需求分析

习题 12

一、选择题

1.A	2.B	3.B	4.B	5.C	6.D	7.B	8.A	9.D	10.B
11.C	12.D	13.C	14.B	15.C	16.D	17.A	18.D	19.A	20.A
21.D	22.C	23.D	24.C	25.C	26.A	27.C	28.B	29.A	30.A
31.B	32.B	33.D	34.B	35.C					

二、填空题

1.逻辑独立性　　2.选择　　3.完整　　4.数据操作语言　　5.关系　　6.正确

7.数据库管理系统　　8.关系　　9.主键　　10.D　　11.多对多

12.身份证号　　13.课程　　14.物理设计　　15.外模式或用户模式　　16.物理数据模型